# 今日もがんばるわんこたち
## 名犬・珍犬たちの笑えて泣けるちょっとイイ話

佐々木ゆり

# 今日もがんばるわんこたち

## 名犬・珍犬たちの笑えて泣けるちょっとイイ話

# 第1章　日本全国、元気に生きるわんこたち

# 第2章　世界にもいる、びっくりわんこたち

## 第3章　歴史に名を残すわんこたち

## 第4章　わんこはこんなに役に立つ！

## 第5章　わんこにまつわる雑学エピソード



## 第6章　わんこと共に幸せに生きる知恵

本文デザイン　田中明美
本文イラスト　河　尚淑
編集協力　(株)キーワード

# 第1章

# 日本全国、元気に生きるわんこたち

# 足を4本とも切断　重度障害の老犬、太郎

拙著『障害犬タローの毎日』（アスペクト刊）で話題になった、福岡県に住む雑種犬の「太郎」は、御歳《おんとし》12歳のおじいちゃんだ。

人の年齢に換算すると、犬の年齢の2歳が23歳にあたる。その後は4〜6歳ずつ加算されるので、12歳ということは人の年齢だと64歳くらいになる。

今日日《きょうび》の人間の64歳は、現役で仕事をしているし、老親の介護もする。社会の要《かなめ》は60代といえるほど元気な人が多い。

あんまり元気なものだから、ついつい自分の肉体年齢を忘れて、南米だの、チベットだのの高地でトレッキングなんて無茶なことをし、脳梗塞《のうこうそく》や心不全で冷たくなってご帰国なさる方も最近は増えているそうだ。

そうかと思えば、もう少し年齢が上になると、急な環境変化にココロが追いつかず、

旅先でいきなり認知症になって、夜中にホテルを脱出。見知らぬ街を徘徊《はいかい》し、大騒ぎになっちゃった、などというケースもあるそうだ。

もし太郎が人間だったら、どんな御仁《ごじん》になっていただろう。

じつは太郎は、1歳半のときに原因不明の血行障害におちいった。

指先を包丁で切ったとき、傷口より心臓に近い部分を輪ゴムでグルグル巻きにして、止血をした経験をお持ちの方も多いだろう。だが、そのまま何時間も縛ったままでいると、酸素も栄養分も届かなくなった指先の細胞は、壊死《えし》をおこして腐ってしまう。

血行障害におちいった太郎にも同じことが起こった。

まずはじめに両方の耳の先が自然にポロリと欠け、次に尻尾《しっぽ》と4本の足が腐りはじめた。

一時は、「クリオフィブリノーゲン血症」という難病では？　と疑われたが、専門の研究機関で調べてもついに判明せず、太郎を診ていた獣医師の小森泰治さんは悩みに悩んだ末に、太郎の4本の足と尻尾の切断を決意。1996年2月に、2度にわたり大手術が行なわれた。

ゴールデン・レトリーバーを思わせるフワフワの長い毛におおわれた中型犬の太郎

は、その日以来、ウエルシュ・コーギーほどの背丈になった。

手術が功を奏して、病気の進行はくいとめられたものの、以前のように野山を駆けまわることはおろか、立ちあがって室内を歩きまわることもできなくなった。人間でいうなら20歳そこそこで、手足の自由を奪われたことになる。

それでも、わずかに残っている足で立ちあがろうとするから、切断部分の皮膚があかぎれのようにひび割れ、時には傷口からばい菌が入り、化膿《かのう》してしまう。悪化して、やむを得ず化膿した部分を削りとらねばならなかったこともあった。

闘病記を知ると、「太郎って、なんてかわいそうな子なの」とたいがいの人は同情する。ところが、当の太郎はというと、これがちっとも悲愴《ひそう》感をただよわせていないのだ。

じつは、太郎は去勢手術を受けていなかった。そのため、ふだんはズリズリ這《は》って移動するのに、一緒に暮らすメス犬の前に出ると、残った足でひょいと立ちあがり、ひところ流行《はや》った電池で動く犬のぬいぐるみのように、トコトコ歩くのである。そして後ろ足の片方をあげ、シャーッとマーキングまでする。さらに、メス犬めがけてトコトコ前進し、尻にまたがってしまうのだ。

何度ふりはらわれてもしぶとく追いまわし、スキを見つけると、また乗っかろうとする。

64歳にして、この精力。四肢を失い、これほど長生きできるとは、周囲のだれも予想しなかったというが、生殖器という命の根源を断たれなかったことが奇跡を起こしたのかもしれない。

大きな目と、ハート形に白く染まった体毛がなんともチャーミングな老犬・太郎。飼い主でもある小森さんが『ありがとう障害犬タロー』（アスペクト刊）を出版されたので、最新の姿はぜひ、そちらで。読めばきっと元気をもらえるはずだ。

# コスプレ犬、マックは日本一の衣装もち？

　北海道の旭川といえば旭山動物園がある街だ。クルマで1時間も走れば、全国各地はもとより、台湾、香港、韓国などからの観光客も大挙して訪れる〝美瑛《びえい》の丘〟があり、大雪山系もひかえる。

　冬場に降り積もった雪は、春になると融《と》けて地下にもぐり、長い年月を経て石狩川をはじめとする大小160本の川へとそそぎこみ、旭川の発展に貢献してきた。『男山』『国士無双』などの銘酒が旭川の酒蔵で生まれたのは、この石狩水系の豊かな水が湧きでるからだという。

　加えて、旭川空港から市内へ、あるいは旭山動物園へ向かう道筋には牧場や畑が広がり、北海道ならではの牧歌的な風景がいまも残る。

　そんな景色を眺めながらクルマを走らせるのは、快適そのものだ。そして、毎日、この風景を眺めながらドライブを楽しんでいる贅沢《ぜいたく》なお犬さまが旭川にいるのである。

それが、旭川市郊外の高級住宅街に住む「マック」だ。

マック君は今年で6歳になるオスのポメラニアン。歯科クリニックを営むご主人の上田静さんと、事務を手伝う奥さんの英子さんと一緒に、毎朝、旭川市に隣接する上川町のクリニックまでクルマで出勤し、訪れる患者を白衣姿で迎えている。

ポメラニアンはチワワと同じく小型犬の一種で、体重は大きくても2キロ程度。そんな小さな犬用の白衣など売っているはずもなく、マック君には手づくりの白衣が与えられている。

だがマック君がここに登場したのは、白衣姿がキュートだからではない。

なんとマック君は、400着もの衣装をもつコスプレ犬なのだ！

「私や主人の着古した服や、使い古したカバンの革をリサイクルして、マックの服に仕立て直しているんです。だから、衣装代はそんなにかかりません」

とは英子さんのコメント。

とはいえ上質のカシミアコートでつくったオーバーコート、エルメスのスカーフでつくったシャツ、ヴィトンの旅行カバンでつくったベストなど、どれもこれも素材は超高級。いちばん高価なのはイタリアの高級ブランド・ミッソーニの冬物コートをリメイクしたマック君用のオーバーコートだそうで、衣装代はそんなにかからないといっても、元値をたどれば100万円は軽く超している。

居間の壁のつくり付けの棚は、いつの間にかマック君専用のクロゼットに変わり、セーター、コートの類《たぐ》いから袴《はかま》、柔道着、スキーウエアまであらゆるコスチュームがずらりとハンガーに吊されている。

最近では、ついに収まりきれなくなってTシャツやセーターは衣装ケースにしまい、見栄えのする高級品だけを吊している。こうなるとすでにクロゼットではなく、ブティックの陳列棚といった風情だ。

ちなみにこのクロゼット、以前はブランデーやオーディオ装置が置かれていたらしい。

1日1着として計算し、365日分の服をクロゼットに飾りたいという当初の目標をクリアした夫妻は、次なる目標を1000着に設定。最近では自作のリサイクル品だけではなく、犬用の高級ブランド品にも手を広げ、グッチのパーカやコーチのセーターなどもコレクションしている。

じつはこれらはすべて、アメリカのブランド店で調達したもの。しかも買い物時には当のマック君もいた。

なんと、マック君は3年連続でアメリカ旅行を経験。なんでもユナイテッド航空だと、機種によっては小型犬に限り、機内に犬連れで搭乗できるのだという。往復運賃は5万円弱。むろん、マイレージはつかない。

3年前には、アメリカに着いた早々、宿泊先のホテルのベッドから転落して右前足を骨折。24時間対応の救急動物病院に担ぎ込まれて手術を受けるという災難に見舞われた。にもかかわらず当のマック君は意外に元気で、病院には2泊しただけで無事に帰国した。

主人のコスプレ趣味と旅行にひたすらつきあうマック君。せっかくだから次は、旭山動物園の動物の着ぐるみシリーズに挑戦！　というのはいかがだろう。

## ヒグマにも勝った!?　北の大地のトラック野郎犬

「フクちゃん」は、白黒まだら模様の毛の色をした雑種犬だ。

体の格好や顔つきは柴犬《しばいぬ》にそっくりで、勇猛果敢で飼い主に対して従順な性格という点も、柴犬の特徴をそなえている。

出自はハッキリしているが、ブリーダーとかペットショップとかいった業者から購入したわけではなく、北海道苫小牧市に住む玉田さんの家の物置小屋で生まれた。生んだのは、どこからか迷い込んできた野良犬だった。

「子っこ（子犬）が生まれてかわいそうだったから、オレんところで飼うことにしたのさ。めんこかった（かわいかった）よぉ、コロコロしてて」

玉田さんはニコニコ顔で、フクちゃんを連れ帰ったときの思い出を話す。名前も幸福になってほしい、との願いをこめてつけた。

ところが、玉田さんの奥さんがこれに猛反対。じつは玉田さんの奥さんは犬が苦手なのだ。しかも日中は仕事もあり、世話ができない。仕方なく玉田さんは、フクちゃんを自分の仕事場に連れていくことにした。

といっても、玉田さんは北海道内を走る長距離のトラック野郎。しかも砂を積んで走る大型トレーラーの運転手だ。

つまり、職場とは玉田さんのトラック。

こうしてフクちゃんは、玉田さんが運転するトラックの助手席で、1日の大半をすごすようになった。

だが、まだ生まれてまもない赤ん坊である。玉田さんは、ほ乳びんにミルクを入れて持ち歩いた。そうして「ク〜〜ン、ク〜〜ン」とフクちゃんがミルクを催促すると、右手にハンドル、左手にほ乳びんを握り、仕事と育児を両立させた。

砂利を運ぶトレーラーだから、行き先はコンクリート工場や港湾工事現場など。現場に着き、玉田さんがコロコロとよく肥えたフクちゃんを大事そうに抱えて降りてくると、そこだけ後光が射したようにパァ〜っと明るくなる。

Tシャツに作業ズボン姿の男たちが玉田さんをとり囲み、「めんこいなあ、めんこいなあ」とフクちゃんの頭をなでまわす。背後には巨大なトレーラーが何台も並び、それはそれは奇妙な光景だった。

しかし、おかげでフクちゃんはぐんぐん大きくなった。と同時に、物おじしない明るい性格に育った。もっとも、人なつこいのが災いして、ドライブインで見知らぬ人についていき、2度も行方不明になったこともあったのだが。

「何日も探して、保健所で見つけたのさ。迎えに行くのがもう少し遅くなっていたら、処分されてたかもしれねえ」

玉田さんはそれでも子連れで仕事を続けた。助手席にはフクちゃんが座っているのが当たり前になった。

車内にフクちゃんのニオイがたっぷり染みこんだころ、トラックを新車に買い替えることになった。値段は1000万円近い。久しぶりに乗るピッカピカの新車に、玉田さんは心を躍らせた。

だが、ハタと思った。

フクちゃんを乗せて走り続けたら、犬のニオイが染みついて、中古で売るときに値段が下がってしまう。

もうフクは乗せられねえな、と思ったという。

「フクよぉ、明日からは家で留守番だ。さみしいけど、がまんしてくれえ」

こう諭されて、自宅の庭先の犬小屋にフクちゃんは残された。

「それじゃ、行ってくるぞ。いい子にして待ってろ」

フクちゃんはうらめしそうな目で玉田さんを見上げた。玉田さんは、後ろ髪を引かれる思いで運転席に飛び乗り、アクセルをふかした。

ドドドドッとエンジン音が響き、新車が走り始めたときだ。バックミラーにフクちゃんの姿が映った。いまにも鎖を引きちぎってこちらに向かってきそうだ。

そのまま車を走らせて間もなく、あれ、へんだな？　と玉田さんは首をかしげた。フクちゃんの姿がいつまでもバックミラーに映っている。

そう、フクちゃんはトラックの後を追いかけていたのだ。

「フクはオレが連れ歩かなきゃだめなんだと思ったよね。でもさ、そのまま車内に乗せるとニオイがついちゃうから、いろいろ考えたんだ。それで思いついたのさ、荷台に犬小屋を付ければ、フクを連れて歩けるって」

玉田さんは近所のホームセンターから太いボルトと、強化プラスチックでできた犬

POLICE
気をつけてくださいね〜

小屋を買ってきて、トラックとトレーラーの連結部分に犬小屋を取り付けた。そうして、そこにフクちゃんをつないだのだ。

赤い屋根の真っ白いハウス。白黒まだら模様のフクちゃんがその前に立つと、よく映えた。

玉田さんが仕事で走る道路は、太平洋側の苫小牧市と日本海側の石狩市を結ぶ、北海道内でもとくに交通量の多い幹線道路だ。

気持ちよさそうに風を受けながら、トレーラーの上で足をふんばり立っているフクちゃんを見つけて、携帯で写真を撮る人もいれば、すれ違いざまに、手を振っていく人もいる。

そうかと思えばパトカーが近づいてきて、「気をつけて走ってくださいね～」と気さくに声をかけられることもある。

しまいには、フクちゃんのおやつを用意して待っていてくれる高速道路の料金所の係員まで現れた。

一方のフクちゃんは退屈してくると、小屋に入ってスースー眠りはじめる。

トレーラーから落っこちたこともなければ、走行中に脱走を試みたこともない。愛する父さんと一緒にいられるから大満足、といった感じだ。

「オレが山に入って山菜採っているときに、クマに襲われそうになったことがあったのさ。そうしたらフクは、このちっちゃい体でクマに襲いかかってね、オレのこと守ってくれたんだわ。

ほんとに、こいつはめんこいヤツだよ」

フクちゃんは12歳になった。人間でいうなら60代前半。しかし、いまも現役でトレーラーに乗る。

北の大地を駆ける名コンビに拍手喝采！

# 野良猫が寝たきりの老犬を介護

室内飼いや栄養バランスがよくなって、犬も平均寿命がのびている一方、高齢化にともなう老犬の介護問題がクローズアップされている。

一般に大型犬の寿命は小型犬にくらべて短い。体高が85センチを超えるアイルランド原産の大型犬、アイリッシュ・ウルフハウンドなどは平均寿命が7歳程度、かたやチワワは14歳前後だ。

犬の場合も人間と同じで足腰からガタがでてきて、まず後ろ足が立たなくなる。前足で踏んばって体を起こしても、後ろ足が思うようにならないから、よろけながらよっこらしょっと下半身を重たそうに起こして立ちあがる。それから数歩歩いて、ふらふらと崩れ落ち、また前足に力を入れて立ちあがる。

足腰が弱くなってくると散歩量もぐんと減り、筋力もおちてくるから悪循環だ。

犬用のレストランメニュー、犬用の温泉なんかが出てきているくらいだから、犬用の「ワン・デイサービス」施設なんていうのも、そのうち登場するかもしれない。

さて、これからご紹介するケースは、犬の介護が問題化する以前の話だ。

場所は栃木県矢板市。主役は秋田犬《あきたいぬ》の「マリ」と野良猫の「タヌキ」だ。

マリは60代前半のNさん夫妻の家で暮らしていた。勝手口につながるガレージの一角が寝床で、ぶ厚く敷いた毛布の上で寝起きしていた。

寝たきりになって2年ほど。

寝たきりなのに、そんな所に置いてかわいそう、と思う人もいるかもしれないが、Nさん夫婦が1日の大半をすごしている茶の間まではわずか数歩しか離れていない。クゥ～ンと鼻を鳴らせば聞こえる距離だ。

そしてじっさい、Nさん夫婦はマリがちょっと鼻を鳴らしただけで、「マリ、オシッコしたいの?」と、茶の間とガレージを往復する。

「夜中になると必ずワンワン鳴くんですよ、トイレに行きたいから外に連れていけって。

利口な犬で、もともと家のまわりではぜったいにウンチをしなかったものだから、寝たきりになっても、その習慣が抜けないみたいで」

奥さんはため息まじりに、介護生活の苦労を語りはじめた。

「この子が元気だったころによく行った原っぱに、毎晩、お父さんが車に乗せて連れていくんです。そうすると、そこでウンチもオシッコもしてくれる。

同じ体位で寝かせておくと、床ずれができちゃうでしょう。だから2〜3時間おきに体位を変えてやるんです。だけど、こんなになっても体重は15キロ以上あるから、抱っこして車の荷台に乗せたり、オシッコをさせたりすると腰が痛くなっちゃってねえ。私たちのほうが先に倒れてしまいそう」

介護疲れをにじませた顔に苦笑を浮かべる奥さん。肝っ玉母さんといった雰囲気をただよわせながら、ただただ疲れきっている様子だ。

ところが、ガレージの外から雑種猫が入ってきたとたん、その顔にパッと笑みがひろがった。

猫は、ゆったりとした足取りで、マリに近づいた。すると、顔を床につけて寝ていたマリがそろそろと頭をもたげ、それからスローモーションの動きで上半身を起こしたのである。

肝っ玉母さんが興奮した様子で1頭と1匹を指さした。

「これ、これ、これなんですよ。マリはずっと完全な寝たきり状態だったの。でも、タヌキが介護してくれるようになってから、上体を起こせるようになったんです」

「タヌキ」と呼ばれた猫は、マリにぴたりと体を寄せ、丸くなった。

「心を通わせられる仲間ができて、生きる気力が湧いてきたんでしょうかねえ」

肝っ玉母さんは、しみじみとこう語った。

タヌキは、動物好きの母さんの家の庭に出入りしていた数匹の野良猫のなかの1匹だった。

人なつこく、母さんが近づいても逃げない子だった。

最初は暖をとるつもりでガレージに忍び込んだのだろう。だがそこに、思いがけず秋田犬がいた。

猫にとって犬は警戒すべき相手。タヌキはマリの姿に後ずさりしたはずだ。ところが、相手はまぶたを閉じたまま、岩のように動かない。

もし、あなたがタヌキだったらどうするだろう。好奇心をくすぐられて、用心しながら少しずつ近づくはずだ。

次にニオイを嗅いでみる。母さん家《ち》のニオイが染みついていて、ちょっと安心。そばにいるとあったかいことも発見する。

湯たんぽがわりに、こいつにくっついて寝てみよう、とタヌキは思ったはずだ。そしてくっついてみたら、意外に寝心地がよかった。

1頭と1匹の間でどんな感情の交流があったのか。とにかくタヌキが現れるようになってから、マリが上半身を起こせるようになったことだけは確かだ。

不思議なことに、タヌキが介護猫としてガレージに出入りするようになってから、それまで庭に出入りしていた野良猫たちは姿を見せなくなったという。

## 盲導犬だって犬の子　メタボ系もいれば超短足犬も

年に一度、全国の盲導犬ユーザーが集まって交流会が開かれる。それぞれ訓練を受けた施設はちがうが、ユーザー同士の連帯感を深めようと十数年前からはじまった。

あるとき、この交流会に参加させてもらった。

集まった盲導犬は約70頭。ラブラドール・レトリーバー、ゴールデン・レトリーバー、ラブラドールとゴールデンのミックスのＦ１、と似たような姿形の犬たちがこれだけそろい名所旧跡をめぐると、ただただ周囲は啞然《あぜん》とするばかり。壮観をとおりこして大迫力だ。

だが、盲導犬はほかの犬からたとえちょっかいをかけられても、フンッ、とやりすごすように訓練されているから、70頭いても諍《いさか》いはゼロ。小学生の遠足の列よりはるかにお行儀がよい。

しかしなかには犬が苦手という盲導犬もいて、あまりの数に怯《おび》え、ユーザーの足元でちぢこまっている犬もいる。

ユーザーのKさんが言った。

「駅からうちに帰るまでの最短コースに犬を飼っている家があるんだけど、この子は犬嫌いだから、その道を通ろうとしないのよ。ワンワンと鳴き声が聞こえるとビビっちゃって前に進めなくなるの。歩くのも嫌いでね、駅に着くでしょう。そうするとタクシー乗り場に向かっちゃうの」

ちがうでしょ、とKさんにたしなめられて、しぶしぶ方向転換するものの、次に向かうのはバス停なのだという。盲導犬もさまざまなのだ。

70頭のなかには、まるまると肥えた盲導犬もいた。

デブ猫ならぬデブ盲導犬。座ると腹の肉が脇からあふれ、立ちあがると腹の肉が地面をこすりそうになる。ラブラドール・レトリーバーだが、体重は50キロを超え、標準サイズの2倍近くもある。

なぜ、そんなに太ったのだろうか。

「行く先々で、かわいい、かわいいって言われておやつをもらうんですよ。本当は断

らなきゃいけないんだけど、なかなか言い出せなくてねえ」

こう答えてくれたユーザーのFさんも巨体だ。子を見れば親がわかるというけれど、盲導犬とユーザーは一心同体。もしかしたら、Fさんも行く先々で茶菓子を口にしているのかもしれない。

さて、メタボな盲導犬がいるかと思えば、こんな犬もいる。外見はどこから見てもラブラドール・レトリーバー。なのに、よく見ると、どこかがおかしい。

隣にほかの盲導犬が並んでちがいがわかった。足が極端に短いのだ。

「雨の日にこの子と外出すると、家に戻ってからお腹《なか》を拭《ふ》いてあげないといけないんです。短足だから、道路にたまった水がみんな跳ねちゃって」

ラブラドール・レトリーバーの体高は60センチ前後。だが、この短足君の足の長さは柴犬ほどしかない。柴犬の頭をラブラドールにすげかえた絵を想像してもらえればいい。

ユーザーに同伴していた家族やボランティアの目は、見てはいけないと思いながらも、短足犬に注がれた。

なぜ、あんなに短足なのか？

あれは本当にラブラドール・レトリーバーなのだろうか？

だれもが首をひねった。そのうち、「きっと何世代か前に柴犬がかかったんじゃないか。隔世遺伝で出てきたんだよ」などと珍説が飛び出し、どうやら皆、この意見に納得できたらしい。それ以後、短足の原因をささやく声はぴたりとおさまった。

盲導犬は、厳しいトレーニングを受けた後、テストに合格して初めてハーネスを与えられる。

大切なのは見てくれではなく、ユーザーの目となって歩けるかどうか。つまり中身が肝心なのだ。

人間も然《しか》り。短足君を見ならいたいものである。

# わが子はベンガルトラ!? 異種間親子の物語

2007年の春、香川県東かがわ市にある「しろとり動物園」で、メスのベンガルトラが生まれた。

ところが、出産した母親はこの赤ちゃんトラの世話を放り出してしまった。いわゆる育児放棄だ。母親トラは人工飼育で育っており、生みっぱなしは人間に育てられた動物にときおり見られる行動だといわれている。

初乳が飲めなければ、赤ちゃんトラに抵抗力がつかない。育児放棄に気づいた園長は真っ青になった。ところが、捨てる神あれば拾う神あり。タイミングよく、動物園には子犬を死産したばかりのフレンチ・ブルドッグがいたのである。名前は「ナナ」ちゃん。ここは民営の施設で、犬も飼育している。ナナちゃんはそのうちの1頭だ。

園長はトラの赤ん坊に人工乳を飲ませようと、犬用の飼育室に連れて行った。そこにたまたまナナちゃんがいた。死産して１週間。やっと体力が回復したところだった。腹をすかせて力なく鳴く赤ん坊の声に反応して、ケージのなかにいたナナちゃんまでワンワン、キャンキャン吠えだした。

しかし吠え続けるナナちゃんの表情は、敵対視している雰囲気ではない。トラの赤ん坊を見て、喜んでいるふうなのだ。

園長はハタと考えた。赤ん坊の声で、ナナの母性本能に火がついたのではないか。だとしたら、相手がトラの赤ん坊でも面倒をみるかもしれない。

ケージの中にトラの赤ん坊を入れてみた。するとナナは、子犬にするようにトラの赤ん坊の体をなめまわし、横になって腹をだした。

トラの赤ん坊もすぐに乳首にしゃぶりついた。

ベンガルトラとフレンチ・ブルドッグの異種間親子が誕生した瞬間だった。

さて、ベンガルトラは「ハチ」と命名された。生まれたときの体重は９００グラムで、人間の両方の手のひらに載るくらいのサイズだった。

しかし、成長して大人になれば体長２・４～２・８メートル、体重１３０～１６０キロにもなるベンガルトラである。ナナがわが子同然に育児にはげんだおかげで、ハチはすくすく育ち、3〜4か月もすると、ナナと同じくらいのサイズになった。足など、人間の子どもの握りこぶしほどもある。

それでも、ナナの姿がちょっとでも見えなくなると、ハチはギャ〜ギャ〜叫びながらナナを探す。一方のナナも、ハチが一般公開されるようになると、その前に立ちはだかって、カメラを向ける観客をにらみつけた。

「できれば、ずっと一緒に過ごさせたいと思っているんです。海外の動物園でも似たようなケースがあって、そこではトラが成長しても、乳母犬と仲よくなっているんです」

スタッフは、こう話していた。

それから1年たった2008年4月、ハチとナナは庭つきの新居に引っ越した。ハチの体はナナの10倍ほどにも成長した。ハチがガオ〜ッと口を開けば、小さなナナはひと飲みされてしまうほどだ。

それでもこの異種間親子は、一緒にひなたぼっこするなど、あいかわらず仲がいい。人間もあやかりたいものだ。

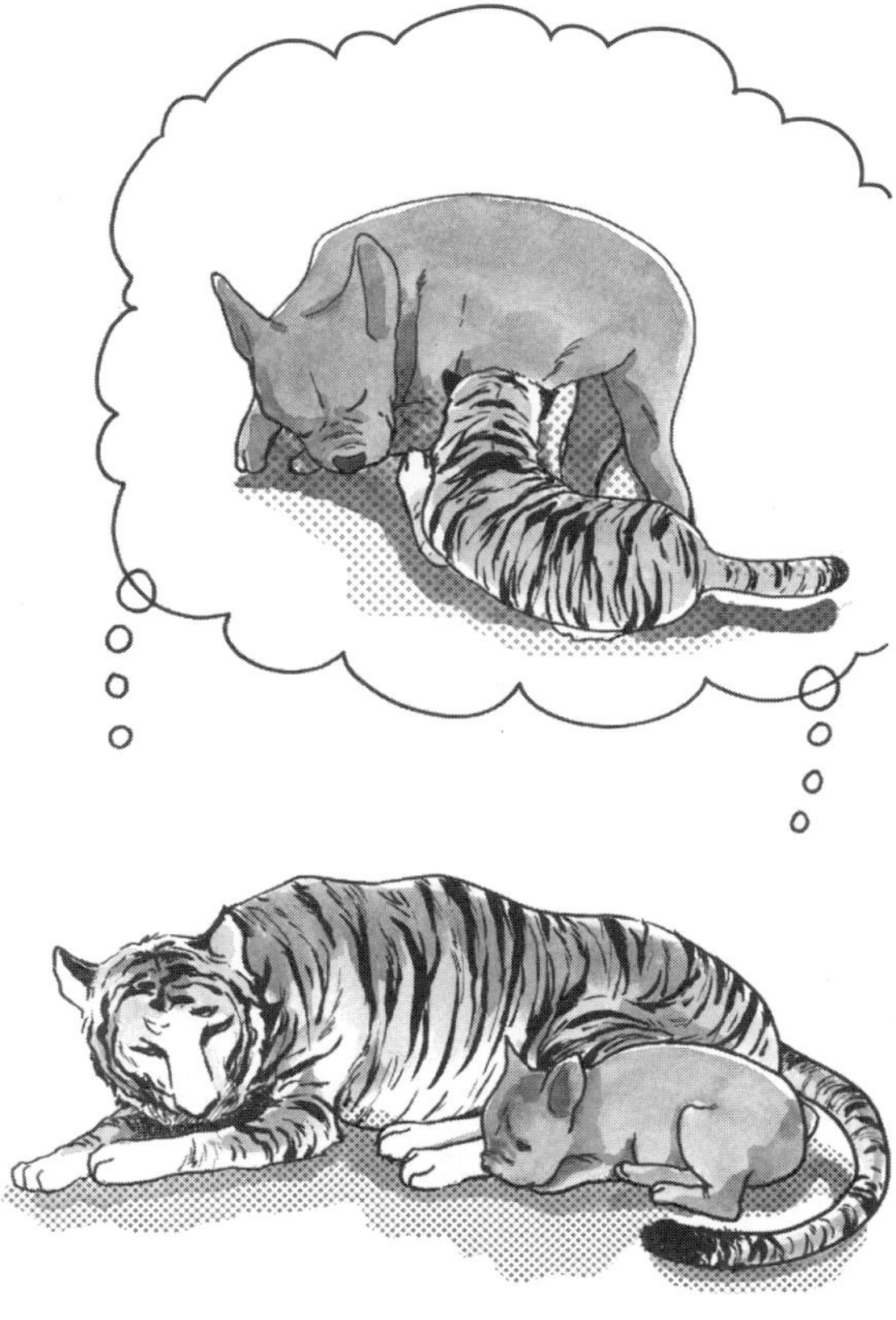

# 救世主となるか!? 帯広競馬場の乗馬犬

ばんえい競馬という馬のレースがあるのはご存知だろうか。体重が1トンを超す農耕馬・ばん馬《ば》による重量引きのレースだ。

かつては北海道内各地にばんえい競馬場があり、さかんにレースが行なわれていた。しかし、時代の移り変わりとともにばんえい競馬人気は下降線をたどり、現在は、帯広市郊外にある「帯広競馬場」が唯一の開催場所となった。

巨大な馬が、重さ1トンにも及ぶ鉄そりを引いてレース場を駆ける様子は迫力満点。選手と馬たちは、毎日、夜明け前にはそれぞれの厩舎《きゅうしゃ》から起き出してきて、コースを走りトレーニングを積む。

そんななか、まだ20歳のうら若き乙女が1人。帯広競馬場皆川厩舎の厩務員で、まもなく騎手の試験を受ける皆川由佳さんだ。

そして由佳さんの足元には2頭のわんこ。1頭は雑種の「熊吉」。もう1頭はダルメシアンの「ティアラ」。2頭とも皆川厩舎で飼われているペットだ。

ここで育ったほとんどの犬たちは、馬に蹴られたり踏みつけられているせいで、馬を怖がるのが普通だ。ところが皆川厩舎の2頭は、ちっとも怖がらない。

「ティアラは子犬のときから、ウィナーリバティーという牝馬のそばで寝起きしていました。それで馬を怖がらなくなったんです」

と、由佳さんの姉の由紀さんは語る。

しかし競馬の世界は厳しい。ティアラと寝起きをともにしていたウィナーリバティーはその後、レース成績がふるわず、熊本県の馬肉業者に売られてしまった。ウィナーリバティーを乗せたトラックが走り出すと、ティアラはその姿が見えなくなるまで追い続けたという。

そんな切ない時期を乗り越え、ティアラは由紀さんとともに乗馬の練習に励むようになった。

といっても、馬にまたがり、手綱をくわえるわけではない。ばん馬の背にまたがる由紀さんに寄りかかるような格好で馬の背に座る。

そのときのティアラの表情にビビった様子は見えない。真剣な表情で行く手を見つめ、むしろ心地よさそうだ。

「この子は馬に乗ると、気持ちよさそうにボハ〜ッとした顔になるの」

ダルメシアンはユーゴスラビア原産の犬種。ヨーロッパではその昔、「馬車犬」として知られたそうで、厩舎で寝起きして、御者《ぎょしゃ》のお伴をして馬車とともに駆ける姿が日常的に見られたのだとか。ティアラにもその血が引き継がれているのだろうか。

雑種の熊吉には残念ながら乗馬の才はない。そのかわり、借金取りを追い払う特技をもっている。勇猛果敢に見えるようにと、わざわざライオンカットまでほどこしているのである。

ばんえい競馬を盛りあげようと、帯広競馬場ではさまざまなイベントが開催されている。そんななかで馬乗犬ティアラもＰＲに貢献。

ティアラやばんえい馬を見てみたいという方は、ぜひ一度、帯広競馬場へ。

# 第2章

# 世界にもいる、びっくりわんこたち

# 独学でスケボーをマスター!? タイソンの不思議

「タイソン」はカリフォルニア州に住むブルドッグ。ロサンゼルスからクルマで1時間ほど走った海岸沿いにある閑静な住宅街で暮らしている。

1835年に禁止されるまで、ブルドッグはイギリスの伝統的なスポーツ「ブル・ベイティング」で、雄牛の鼻っ面《つら》に噛《か》みついて引き倒すファイター役を担っていた。ブルドッグが筋肉のかたまりのような体つきなのも、受け口なのも、当時の名残り。受け口なら、牛の顔に食らいついたとき、鼻が押しつぶされずにすむので窒息しないというわけだ。

そしてタイソンも、これまた太い足とずんぐりとした体軀《たいく》。受け口とつぶれた鼻も、ブルドッグそのもの。

ニコニコ笑いながらかけよってきて熱烈大歓迎してくれるのはありがたいが、ド

～ンと体当たりされると、思わず尻餅をついてしまうほど迫力がある。そうして涎《よだれ》と鼻汁がしたたる巨大饅頭《まんじゅう》のような顔をこちらの顔に近づけ、ペロペロ、ベロ～リ。顔面と顔面の濃厚スキンシップだ。

とはいえ、ここまでの行動はよそ様で飼育されているブルドッグとさほどかわらない。つまり、この力強さと明るさがブルドッグの特性なのだ。

ところがタイソンのばあいは、この特性に、ほかのブルドッグ、いや、ほかの犬とは決定的にことなる個性をもって生まれてきた。なんと、まだミルクのニオイをぷんぷんさせていた子犬のころから、スケートボードに異常なまでの関心を見せていたのだ。

「あれは、息子がタイソンをもらってきて、アパートの自分の部屋で飼っていたころのことです」

と話すのは、現在の飼い主で、タイソンを最初に育てていた〝息子〟のお父さん。

「子犬だったタイソンは、息子のアパートにあったスケートボードに乗っかったりして遊んでいました。その後、大きくなって私の家で飼うことになったのですが、裏庭に放置しておいた古いスケートボードで勝手に遊ぶようになったんです」

最初はじゃれついているような感じだった。ところがそのうち、板の上に乗りはじめた。

「これはおもしろいと思い、家の前の道路にスケートボードを持ち出してみたんですよ。そうしたら、タイソンは自分でスケートボードを蹴って乗りはじめたんです」

初めはぎこちなかった。だがみるみるうちに上達して、そのうちスイスイ乗るようになった。

「市の条例では、散歩のときはリードをつけなきゃいけない。だけど、ただリードを握っていたのでは、スケートボードに乗るタイソンのスピードについていけません。しかたがないので、私もスケートボードに乗って散歩するんですけど、二十数年ぶりだから、タイソンのスピードについていくのがやっとなんですよ」

自宅から数分のビーチサイドまで、タイソンを連れて出る。遊歩道にスケートボードをおくと、タイソンは右側の前足をまず板に乗せ、ツツ〜っと軽く動かしはじめる。次に右の後ろ足をひょいと板の上に乗せ助走。そうして加速しておいてから、ポンと板の上に乗る。

右カーブでは体重を右側に乗せ、左カーブでは左側に。ちゃんと自分でコントロールしているのだ。しかもけっこう速い。ジョギング中の人たちが、目を丸くしてその様子を見ている。

「私よりずっと上手《うま》いわ！」

と、若い女性がため息をもらす脇を、タイソンは楽しそうな表情を浮かべて、スーっと滑るように通り抜けていく。

この特技のおかげで、タイソンは日本のカメラメーカーのコマーシャルにも出たし、アメリカでもテレビで紹介されるなど、一躍、メジャーになった。

抱腹絶倒の姿をごらんになりたい方は、次のアドレスでどうぞ！

http://www.skateboardingbulldog.com/tyvideos/index.html

# イギリスにもいた忠犬ハチ公

次は、イギリス版忠犬ハチ公をご紹介しよう。

スコットランドの首都エディンバラには、「ボビー」という犬の銅像がある。立てられたのは19世紀半ば。ヴィクトリア女王が治めていた時代だ。

ボビーはエディンバラ市警に勤めるジョンの飼い犬だった。ジョンの仕事は夜間の見回りで、いつもボビーを連れて歩いていた。しかしジョンは結核を患い、治療のかいもなく1858年に帰らぬ人となってしまう。

ジョンの亡骸《なきがら》はグレイフライアーズ墓地に埋葬された。主人の棺に土がかけられるのを、ボビーはどんな思いで見つめていたのだろうか。

ボビーがその後とった行動は驚くべきものだった。なんと、ジョンの死後14年間も墓守をしたのだ。

ボビーは、スカイ・テリアという犬種だ。この犬種は体高26センチ程度と小柄ながら、キツネやネズミなどを追う習性がある。性格はきわめて気むずかしく、警戒心も強い。

ゆえに、主人以外の人間にはなかなか心を開かない。おそらくボビーも、ジョンひとすじだったのだろう。

やがてボビーの忠犬ぶりが町の人たちの間で話題になり、墓地には、ボビーをひと目見ようと大勢の市民が集まるようになった。エサは町の人たちからもらっていたらしい。

１８６７年に飼い犬の登録が義務づけられると、ボビーは市長から首輪を贈られ、グレイフライアーズの犬として承認された。しかし、その後もボビーは墓守をつづけ、１８７２年、16歳で逝った。

ボビーはいま、主人の墓のそばで眠っている。

# 主人を慕って後追い自殺する犬たち

古今東西いろんな忠犬がいるもので、時代をさかのぼると、こんな忠義な犬もいた。ときは紀元前4世紀。バルカン半島にあったマケドニア王国のアレキサンダー大王は、ペルシアからインド北西部のパンジャブ地方まで遠征。エジプトをはじめ、制圧した各地に「アレクサンドリア」という名称の都市を建設した。

破竹の勢いで西アジアに君臨した大王だったが、もちろん向かうところは敵ばかり。命を狙う者も多かった。

あるとき、アレキサンダー大王のテントに刺客がしのびこんだ。凶器は刃物か、はたまた鈍器か？　筆者、リサーチ不足のため、この部分の詳細は読者の皆さまがたの想像力におまかせするとして、この刺客から命をかけて王を守ったのが、愛犬の「ペリテース」だったという。

この忠犬はハウンド系の犬だったという説がある。サルキー、ボスニアン・ハウンド、アフガン・ハウンド……、紀元前から西アジア、エジプトにかけた一帯に生息していた大型犬のどれかだろう。

この近辺には、地中海地方原産のマルチーズも古くからいた。マルタ島が原産だという説もあるが、これは誤りだとか。ハッキリしないのでマルタ島が浮かぶ地中海地方原産ということでご容赦を。

マルチーズはエジプト、ギリシャ、ローマ時代と長きにわたり富裕階級の間で人気があった。もっぱら女性に愛されたそうだ。

時代が下って王政時代のフランスでは、痛風や虚弱体質に効くと信じられ、ネックレスやブローチを身につける感覚で、貴婦人たちはマルチーズを抱えていたのだとか。妊婦が安産のお守りにしていたかどうかは不明だ。マルチーズは小さくて性格も明るく、物覚えもよいから、女性の愛玩犬としては最適なのだ。

一方日本では、おばちゃんの間で根強い人気をほこってきた。いつだったか、ホームセンターのレジで赤ん坊を背負っているおばちゃんを見かけた。なかを覗《のぞ》いてびっくり。愛くるしい目をこちらに向けたのは、頭にリボンをつけたマルチーズだった。

マルチーズといえば、千葉県に住むYさんは、ママチャリの買い物カゴに乗せて行動をともにするほど、飼っていたマルチーズに愛情をそそいでいた。年齢は13歳でメス。マルチーズは長寿の犬だが、人間の年齢だと68歳。けっこうなご老体だった。だから本来ならYさんが飼い犬を看取るはずだった。ところが、順番が逆転してしまう。Yさんが急な病に倒れ、そのまま帰らぬ人となったのだ。

留守宅を守っていたマルチーズの目の前に、主の亡骸が横たえられた。弔問客が代わるがわる霊前で合掌し嗚咽《おえつ》するのを、マルチーズはどんな思いで見ていたのだろう。

告別式を終えた夜、マルチーズは祭壇の遺影の前で、延々と鳴き続けたという。

その晩、マルチーズは自分の定位置である、Yさんがいつも座っていた椅子の下にもぐりこんだ。そして、マルチーズはそのまま眠るように息をひきとった。

後追い自殺をした。遺族は、愛犬の死をこんなふうに受けとめているという。

しかし、犬が自ら死を選ぶものだろうか。

犬は、意思や思考などを司《つかさど》る脳の前頭葉が人間ほど発達していない。そんな脳の構造をもつ犬が、自らの意思で命を絶つような行動をとれるのだろうか。

犬には群れ社会をつくる習性があるから、仲間の欠落によって不安を感じ、それがストレスとなって生体内のホルモンバランスなどが崩れ、自然死を迎える結果を招いてしまった、と考えたほうが妥当なような気がするが、はて……？


ところが、忠犬の〝後追い自殺〟は、このマルチーズにかぎった話ではないのだ。

フランス王妃マリー・アントワネットの愛犬「ティスベ」は、主人が断頭台の露と消えた後、その死をはかなんでセーヌ河に身を投げたという。つくり話だといわれているが、フランスではこんな話もある。

心臓病で急逝した飼い主の棺を乗せた霊柩車に向かって飛び下り自殺したのは、愛犬の「ココ」。アパートの4階から飛び下り、霊柩車の屋根に叩きつけられて虫の息だったという。後追い自殺したというより、主人のニオイを追って窓を駆け出たら、地面ではなく霊柩車の屋根だった、という気がしないでもないが……。

しかしこんな諺《ことわざ》もある。「犬は三日の恩を三年忘れず」。

やはりココも後追いだったのかもしれない。

# 宇宙旅行した犬たち　その最後は……？

　世界各国が共同開発している国際宇宙ステーションには、２０００年11月から宇宙飛行士が長期滞在中だ。そして２００８年３月に打ち上げられたエンデバー号はこれとドッキング。宇宙飛行士の土井隆雄さんら７名の宇宙飛行士が国際宇宙ステーションに乗り移って作業を行なった。

　そして土井さんは、日本のＪＡＸＡ（宇宙航空研究開発機構）が初めて開発した有人の宇宙実験棟「きぼう」の１回目の組み立てを行なうという大役をはたした。

　２００９年２月には若田光一さんが、日本人で初めて国際宇宙ステーションに長期滞在する予定だ。

　昔とちがい、いまは宇宙でラーメンややきとりが食べられる。山口県下関市にある水産大学校では、宇宙で刺身が食べられるような加工方法を開発したというから、宇宙寿司なんていうのも、そのうち登場するはずだ。

ところで、いまから50年も前に、宇宙を旅した犬たちがいる。なかでもいちばん有名なのが「ライカ」だ。ライカはメスの雑種犬。モスクワの街中をたむろする野良犬だった。垂れ耳で目がぱっちりと大きく、精悍《せいかん》というよりも愛らしい風貌がチャームポイントだった。

１９５６年のある日のこと。ライカはいつものように街中をうろついていて、人間に捕まった。運びこまれた先は、中央アジアにあったソビエト社会主義共和国連邦のバイコヌール宇宙基地。ライカは宇宙実験のために捕獲され、１９５７年11月、人工衛星スプートニク２号に乗せられたのだった。

世界初となった人工衛星はスプートニク１号。打ち上げに成功したのは１９５７年10月４日だ。それからわずか１か月後の11月３日に、ソ連政府は２号機の打ち上げに挑戦。地球の周囲を周回する人工衛星に、犬を乗せるのは世界で初めてだった。

大音響とともにライカを乗せたロケットが飛び立った。数分後には、ライカを乗せた人工衛星は地球の上空約２００～１６００キロの軌道をまわりはじめた。１周するのに約100分かかる。

1周目、2周目はライカに取りつけた装置から脈拍や血圧のデータが送信されていた。3周目に入るとデータが不明瞭になり、4周目にはライカから何の反応も出なくなっていた。

あわれなライカは、米ソの宇宙開発競争の犠牲となり、それきり地球に帰還できなかった。スプートニク2号は1958年に大気圏に再突入して燃え尽きた。

「地球は青かった」の名セリフを残したガガーリンが、ボストーク1号で地球の上空を1周したのは、それから3年後。ライカの犠牲があってのことだった。

じつはソ連では、ライカが飛び立つ以前の1951〜57年まで、犬を乗せてロケットを飛ばす実験を何度もくり返していた。

のべにするとその数はおよそ30頭。上空100キロほどの高度まで打ち上げられ、犬たちが乗っている先端部分が切り離されて落下。地上に近づくと、パラシュートがパッと開き、大地にソフトランディングする仕組みだった。この実験では犠牲もあったが、生還した犬もいたという。

ちなみに、実験に使われた犬たちはすべてメスだった。

# 主人の待つわが家へ4000キロ歩いたボビー

犬には帰家本能がある。意味は読んで字のごとく、家に帰ろうとする習性だ。

1923年、アメリカ北西部にあるインディアナ州ウォルコットの町で、家族とクルマで旅行をしていた犬が行方不明になった。名は「ボビー」。犬種はテレビ番組『名犬ラッシー』でおなじみのコリーだ。

コリーは牧羊犬としてスコットランドで活躍していた。19世紀に犬好きで知られるヴィクトリア女王に見初《みそ》められたのがきっかけで、家庭犬としての道を歩みはじめた。女王はドッグ・ショーにも2頭のコリーを出したほど、この犬種にほれこんでいたらしい。

コリーは移民とともにアメリカに渡り、やはり牧羊犬として重宝されていた。しかしイギリスでのドッグ・ショー出場の話が伝えられると、富裕層の間でペットとして流行りはじめた。

ボビーの飼い主も1920年代にクルマを所有していたくらいだから、かなりの金持ちだったのだろう。そしてボビーのことを愛してもいた。

旅先のインディアナ州ウォルコットでボビーとはぐれてしまった飼い主は、その後、数日間、愛犬を探しまわったという。しかし、ボビーを見つけることができなかった。飼い主は捜索をあきらめ、自宅のあるオレゴン州シルバートンに戻った。

一方ボビーはというと、来た道を逆方向に歩きだしていた。自宅は、ウォルコットから直線距離にして約3300キロ先。日本列島を北海道から沖縄まで縦断するほどの距離だ。

途中の町でエサをもらいながら、ボビーは雪におおわれた厳冬期のロッキー山脈を越え、西へ西へと歩きつづけた。

はぐれてから半年がたった。やせて傷だらけになっていたボビーだったが、いま、その目の前には懐かしいわが家があった。ついにたどり着いたのである。

帰家本能のなせるわざ。町から町へとたどりながら歩いた距離は、じつに4000キロを超えていたという。

似たようなケースは日本でも残されている。舞台は、現在の新潟県長岡市。時代は17世紀後半、徳川5代将軍綱吉による生類憐みの令が発令されたころだ。

長岡藩主の牧野忠辰《ただとき》は中沢の農家から白い犬を譲りうけ、「しろ」と名づけて、たいそうかわいがっていた。

しろは忠辰の行くところにはどこにでもついて歩いた。そんなある日のこと。忠辰が江戸の尾張侯を訪ねた折に、しろが屋敷で飼われていた犬とケンカになり、ケガを負わせてしまう。犬同士のケンカとはいえ、相手は徳川三家の尾張。忠辰にきつく叱られたしろは、単独で長岡に戻ってしまった。

江戸から長岡までおよそ300キロ。中山道、三国街道と参勤交代で通い慣れていたのだ。そしてしろが向かった先は、元の飼い主の善兵衛の家だった。ところが、何も事情を知らない善兵衛に追い返されてしまう。

精も根もつきはてていたのだろう、数日後、しろは善兵衛の家の近くの丘で冷たくなっているところを発見された。

しろの亡骸は、その丘に埋められた。そこには現在も「白狗の塚」が残る。

# 8000万円の犬の正体は?

中国で8000万円超の犬がいる⁉

「蔵犬《くらいぬ》」「東方神犬」と呼ばれる中国の国犬だ。

2007年にアメリカで1200万ドル（約12億円）の遺産を相続したマルチーズが話題になったが、こちらは犬の値段ではなく、犬の所有財産。どれほど高価な犬もせいぜい1000万円程度だから、8000万円超はたぶん世界一だ。

どんな犬なのか調べてみたら、これがチベタン・マスティフだというから驚いた。この犬は「ムツゴロウ動物王国」で飼育されていたので、テレビでごらんになった方も多いはず。

チベット原産で、体高は65センチを超え、体重も65キロ超。2007年に中国の重《じゅう》慶《けい》で、マンションの9階からこの犬が落ちて通行人が大ケガを負う事故がおきた。このとき落下した犬は80キロもあったという。

ごつい顔とフサフサの毛が特徴で、体毛は黒色が多く、ゴールドの毛が混じっている。

セント・バーナードやピレネー犬、グレート・デーンなどヨーロッパにいる大型犬の原種となった犬だといわれ、紀元前13世紀ごろにアッシリア人が描いた絵画や彫刻にも、軍用犬として登場している。

アリストテレス（BC384～BC322）はこの犬のことを、「骨太で筋肉隆々、頭が大きく鼻面が広い」と書き記し、13世紀末にアジアを旅して東方見聞録を残したマルコ・ポーロ（1254～1324）も、「雄はロバほどもあり、大きな頭を持つ犬」と描写している。

主人にはよくなつくが、他人にはおそろしく無愛想で勇猛果敢。クマやライオンにも闘いを挑む。この性格を利用して、古代から軍用犬、番犬として珍重されてきた。

現在、ペットとして飼われているチベタン・マスティフは、かなり温和な性格に改良されているが、育て方をまちがえると「猛犬注意」の札が必要となる。ウォンウォンと野太い声で吠えられると、かなりの迫力だ。

10000

そんな特性をもつチベタン・マスティフの原種を、中国蔵犬協会が10年がかりで復元した。それがライオンのたてがみのように、首の回りの毛がふさふさと長い「蔵犬」で、ヨーロッパのブリーダーが買い取ろうとして、8000万円超の値がつけられたというのである。

犬1頭が東京都心のマンション1軒分。バブルにわく中国では、富裕層の間で大人気なのだとか。

でも、バブル経済がはじけたらどうなっちゃうんでしょうね……？

第3章

# 歴史に
# 名を残すわんこたち

## 捨て犬保護　半世紀前のあるケース

犬好きが高じ、自宅敷地で保護した捨て犬を飼う人は少なくない。

10年ほど前、京都駅に近いある工場跡地で、ボランティアの世話を受けている100頭あまりの犬がいた。じつはこの犬たち、以前はこの敷地の持ち主だった年配の女性に飼われていた。

ところが飼い主であるその女性が急逝。犬の世話係として雇われていた女性が、保健所に送るのはしのびないと、アルバイトで生計を立てながら、自腹で犬たちの世話をしていた。

3階建ての廃屋で、犬たちは思い思いの場所を寝床に暮らしている。どれも雑種ばかり。拾ってきた犬もいれば、だれかに捨てられた犬もいる。

人なつこく駆け寄ってくる犬もいれば、ドアの陰や階段の上、棚の奥からこちらの様子をうかがう犬もいる。その光景が、阪神・淡路大震災のときに訪れた、被災ペットの保護施設を私に思い起こさせた。あのときは、大勢のボランティアが、被災して家族を失った犬たちの世話に懸命だった。

朝晩の散歩をくり返すうちに、ボランティアに心を開き、元気を取り戻していった犬もいたが、ショックから立ち直れず、プレハブの犬舎の隅でうつろな目をしてうずくまったままの犬が何頭もいた。家族を失うということが、犬たちにとってどれほど悲しく辛《つら》いことなのか、被災地の保護施設は教えてくれた。

ところが全国で殺処分された犬は平成18年度には約11万8000頭もいた。この数は全国で現在飼育されている犬の0・9パーセントにあたる。

保護センターに収容された犬たちの悲惨な実態は、児玉小枝さんの著書『どうぶつたちへのレクイエム』（日本出版社刊）でリアルに紹介されている。気まぐれで犬を飼い、しつけに失敗して粗相をするからポイ、ムダ吠えするからポイ、飽きちゃったからポイ。まるで百均で衝動買いした日用品みたいにポイポイ捨てちゃうのだから、開いた口がふさがらない。

さて、いまから50年ほど前のこと。横浜市の金沢八景に近い山林で、捨て犬ばかり集めて育てていた50代の女性、Iさんがいた。

この女性、1923年の関東大震災のときに自宅が土砂に埋まり、倒壊した家屋の下敷きになった。すき間ができていたおかげで押しつぶされずにすんだのだが、行方不明になっていたIさんを救ったのが、愛犬の「アカ」だった。

アカは、その鋭い嗅覚《きゅうかく》で家族の居場所を嗅ぎつけ、一心不乱に自ら穴を掘り続けた。そしてIさんのもとにたどりついた。

犬は嗅覚が驚くほど鋭い。どのくらい鋭いかというと、人間の嗅細胞の数が約500万個なのに対して、犬のばあいは犬種によって差はあるが、およそ1億数千万個から3億万個。人間の25〜60倍もある。アカも鋭敏な嗅覚で、にわかレスキュー犬として〝家族〟を窮地から救ったわけだ。

命の恩人の犬に、Iさんが深い敬愛の思いを抱いたのはいうまでもない。

その後Iさんはもう一度、別の飼い犬に命を救われる場面に遭遇した。ただでさえ犬好きなのに、1度ならず2度も犬に命を救われたIさんは、その一件以来、病気やケガで弱っている野良犬を見つけてきては拾い、育てるようになっていた。

昭和40年代くらいまでは、現在とちがい、街のあちこちに野良犬がいた。

犬好きにエサをもらい自由気ままに生きる犬、野山でネズミなどの小動物をハンティングして生きるたくましい野犬集団……。

しかし野良犬は狂犬病の予防接種を受けていない。ゆえに、噛まれでもしたら一大事。というわけで、街角に毒入り饅頭を置いたりするなど、野良犬駆除が行政によって積極的に進められた。ところがその毒入り饅頭を飼い犬が散歩中に食べて死んでしまうといった、いまでは考えられない事故も起きていた。

余談ながらわが家で飼っていた「ポポ」という名前のチワワの雑種は、「ぴょこたん」と呼ばれていた孤高の野良犬に熱をあげ、よく妊娠させられた。避妊手術の意識が皆無だった時代の、田舎町でのこと。飼い犬と野良犬のロミオとジュリエット関係も、それほど珍しい話ではなかった。

そんな世相のなかで、Ｉさんは自らも日雇い仕事で生計を立てる身でありながら、なんと40年間で５００頭もの野良犬を保護したという。しかも他人が所有する山林に無断で建てた掘っ立て小屋に寝起きしながら。

かつては実業家の妻として、大きな屋敷に住む奥様だったというＩさん。波乱に富んだその人生を知っていたのは、彼女に助けられた犬たちだけかもしれない。

# 映画になった車イス犬、花子

いまから20年ほど前、映画に出演した車イスの犬がいた。

北九州市に住んでいた雑種犬の「花子」だ。交通事故で下半身不随になり、特注の車イスを装着してリハビリに励んでいたのが話題になり、映画出演となった。

最近でこそ犬用の車イスはそれほど珍しくはないが、当時はごくまれだった。手先の器用な飼い主が、三輪車やベビーカーのタイヤを使ってつくるのが一般的で、犬の車イスを特注でつくってくれる、人間用の車イス製造業者もわずかしかなかった。

そんな時代だったから、「車イスに乗った犬」は週刊誌やテレビのワイドショーの恰好《かっこう》のネタとなった。

そうやってメディアを通じて犬用の車イスが世に知られるようになり、徐々に普及するようになった。全国で車イスを使用している犬が何頭いるのかは定かではないが、犬用の車イスがネット販売されているほどだから、けっこういるのだろう。

驚くことに、以前は車イスというと後ろ足の補助用が大半だったが、最近は前足の補助用車イスというのも販売されている。

なぜ驚いたかというと、犬は、FF車のように前足の駆動力で前に進む。だから前足がマヒしたり、失われたりした場合は、前足を補助する車イスをつくってもムダになるだけと考えられていたのだ。

すべての足を補助する、4輪車イスというのも出回るようになり、これなどは人間の赤ん坊用の補助イスの発想からつくられるようになったのだろう。ちなみに、第1章で紹介している4本足を失った太郎の場合は、残っている部分が短すぎて、この4輪車イスは使えそうもない。

飼い主で獣医師の小森泰治さんは、太郎の足の切断面の皮膚を保護するために、くつ下タイプの義足をいくつもつくり太郎に履かせてみたが、そのたびにいやがられ、どれもたった1度試着しただけで、お蔵入りとなった。

10年ほど前、大阪市内に特注の義足をつけた、「ジュディ」という名前のジャーマン・シェパードがいた。

ジュディの義足はアルミ製の本格的なもの。1脚だけの装着だったが、ジュディも最初のうちは太郎同様に義足をいやがった。

あちこちの義足製作所に問い合わせて、やっとの思いで犬用義足の製作を引き受けてくれるところを見つけ、試作を重ねて苦労してつくってもらったのに、当のジュディがつけたがらない。途方にくれた飼い主は、専任のトレーナーをジュディにつけて、義足の歩行訓練を行なった。

やがてジュディは、1回の散歩で15分程度だったが、義足を装着した状態で公園を駆けまわれるようになった。自らも体調を崩し、床につくことの多かった飼い主が、この快挙をどれほど喜んだことか。

ところで、件《くだん》の花子はというと、車イスを使って歩いていたのがリハビリになったのか、その後、自力で歩けるようになったという。

当時の様子を伝える週刊誌などの記事には、うれしそうに取材に応じる飼い主のKさんの写真が掲載されている。コンパニオンアニマル（伴侶動物）などという言葉が日本で広まる前の、心あたたまる実話である。

# 再生治療で下半身不随を治す　注目の最先端治療

犬用車イスは、犬の動きを十分に研究し開発された特注の車イスに発展し、さらに特注の義足まで登場するようになった。

しかし、脊髄損傷で下半身不随になった犬には、ほかにも〝奇跡〟の道が開拓されつつある。神経の再生治療だ。

千葉県の九十九里浜に近い町に住むIさん夫妻は、「ロッキー」という名前のシェットランド・シープドッグと暮らしている。年齢は12歳。庭先の犬小屋で寝起きし、日中は広々とした庭で遊びまわり、幸せな犬生を終えられるはずだった。

不幸な事故は2年前の夏の終わりに起きた。

Iさんに連れられて、検診のために近所の動物病院を訪れたロッキーが、Iさんがちょっと目を離したスキに、駐車場に止めた車から外に飛び出したのだ。

と、そこに運悪く軽4輪トラックが通りかかった。ロッキーはIさんの目の前ではね飛ばされ、道路にたたきつけられた。

すぐに院内に運びこまれ、レントゲン撮影が行なわれた。

何か所も骨折があり、かなり危険な状態だった。しかも脊髄も損傷している。

Iさんはロッキーの容体が安定するのを待ち、主治医から紹介された横浜市内のある病院に連絡。そこからの紹介で今度は神奈川県藤沢市にある日本大学動物病院へとロッキーを連れて行った。

この病院は、小田急江ノ島線の六会《むつあい》日大前駅から歩いて10分ほどのところにあり、Iさんが住む町から高速道路を利用しても、片道3時間ちかくかかる。

しかし一般の動物病院ではほとんどおいていないMRIやCTなどの検査機器がそろい、手術室も人間用の手術室並みの設備。循環器科、呼吸器科、血液科、神経科、腫瘍科など15科に分かれ、なんと歯科まであるのだ。待合室も窓が大きく、広々として清潔。患者で混雑する人間の病院よりはるかに居心地がよい。

全国には獣医学部や農学部の附属動物病院が16施設あるが、いずれも専門医の最先端治療が受けられるとあって、難病の犬や猫が全国各地から集まるという。

Iさんも迷わず、ロッキーを連れて行った。

ロッキーを診たのは、獣医師の枝村一弥さんだった。

枝村さんの専門は神経科。ときには十数時間にも及ぶという大手術を、いくつもこなしてきたベテランで、臨床で診る一方、切断された脊髄神経の再生治療の研究も行なってきた。

「治療を受けられるのは事故から1か月以内で、受けても以前のように立ったり歩いたりできないかもしれない、ということを了解してくださる飼い主さんの犬に限り、再生治療を行なっています」

と枝村さん。

大学附属の病院なので、実験的な意味合いが濃い。しかし犬の体調などを十分に診たうえで治療を行ない、けっして命にかかわるような無茶はしない。

ロッキーが枝村さんの診察を受けたのは、事故から数日後だった。入念な検査を受けて幹細胞が抜き取られ、その細胞を培養して、再びロッキーの損傷部位に戻した。

入院中は毎日、往復6時間もかけてIさん夫妻はロッキーを見舞った。「自分たちのうっかりミスでこんな目に遭わせてしまった」と思うと、いてもたってもいられなかったのだ。

疲れきって、病院近くに宿をとったこともある。慣れない場所で入院生活を送っていたロッキーには、家族の付き添いが何よりも大きな励みになったはずだ。

半月ほど入院して、ロッキーは自宅に戻った。

退院時にIさん夫妻は、枝村さんから自宅で毎日必ずリハビリ運動をするように指導された。

毎日入浴させて、血行をよくする。足を動かして、筋肉をつける。車イスを装着して散歩をさせ、歩く感覚を忘れさせないようにする。散歩は気分転換にもなり、精神的なストレス発散にも効果がある等々、日常生活の注意事項を教えられた。

「再生治療を受けたからといって、必ず治るというわけではありません。しかし、リハビリをしっかり行なっているのといないのとでは、治療の効果がぜんぜん違います。足を動かして刺激を与えると、その刺激の信号が脳に伝えられ、切断した神経とは別の新たな神経回路ができるばあいもあるんです」

ケガを負ったペットにも専門的なリハビリ訓練が必要と考える枝村さんが言うには、コンパニオンアニマルのリハビリが進んでいるアメリカに比べると、日本ははるかに遅れているのだという。

Iさん夫妻はロッキーの萎《な》えてしまった足を屈伸させたり、さすったりするのが何だかかわいそうに思えても、こんな説明を聞かされると、リハビリ訓練をやらないわけにはいかない。

「外で飼っていましたから、しょっちゅうお風呂に入れる習慣がありませんでした。いまも週に1回程度しか入れていませんが、毎日、先生から教えていただいたとおりに運動を続けました。そうしたら、再生治療を受けてから2〜3か月目に、それまでくるんと内側を向いて地面に着かなかった足の先が、外側を向くようになって、ちゃんと肉球の部分が地面に着くようになったんですよ」

夫妻はこう声を弾ませる。

再生治療を受けてから半年ほどたったころ、散歩をするロッキーの様子を取材させてもらった。

事故後は室内犬として暮らすようになったロッキーだが、下半身を引きずりながら室内を歩きまわり、玄関から外に出てしまうこともある。ケガでもさせたら大変だ、とIさん夫妻は大慌てでロッキーの後を追うが、下半身の自由が利《き》かなくなったというだけで、明るく活動的な性格は以前とまったく変わらない。

そんなふうだから、車イスを装着してもらったロッキーは、庭の外に出たとたん、カラカラと軽快な音を響かせながらアスファルトの道を駆けだした。

「この子の元気な姿に、私たちのほうが励まされているんですよ」

と夫妻は目尻を下げる。

夫婦そろって定年退職を迎え、それぞれに友人らと旅行にでかけたり、趣味の時間を楽しんでいた夫妻は、ロッキーのリハビリ生活をきっかけに、2人で過ごす時間が増えたという。

事故後しばらくはオムツをあてていたロッキーだが、最近はそれも外せるようになり、尻尾もプルプルと振れるようになってきた。

とはいえ朝晩、注射器とカテーテルを使って排尿させなければならず、その介護は並大抵のものではない。

けれどもIさん夫妻の表情はけっして暗くはない。というのも、じつは夫妻には目標とする犬がいるのだ。

少々長めの物語になるが、次にその犬のことをご紹介しよう。

# 世界初!? 下半身麻痺を克服したフジマル君

神奈川県横浜市内で1938年から続く酒店を営むKさん一家が、犬を飼おう！と思ったのは2002年のこと。当時高校生だった娘が「犬と暮らしたい」と言い出したのがきっかけだった。

「どうせ飼うなら、ペットショップではなくて、保健所にいるかわいそうな子をもらってこよう」

と娘が提案した。

しかし母は、娘のその提案に難色を示した。

「ほかにもたくさん犬がいるのに、そのなかから1頭だけ連れてくるなんて、そんなこととてもできない」

そんなわけで母娘は、引き取り手のない犬を世話して新しい飼い主を見つけるボランティア、いわゆる里親ボランティアのホームページをインターネットで探し、埼玉県にいた雑種犬を見つけ出した。

ところがいざ引き取りにいくと、そこにはかわいらしい子犬がたくさんいた。愛くるしい瞳を向けて、クンクン、キャンキャンなついてくる。

母娘が引き取る予定だったその犬は、当時1歳。もうすっかり成犬となっていた。体は華奢《きゃしゃ》でも大型犬並みの大きさで、体毛は茶色。顔にわずかに白い毛が生え、垂れ耳。顔つきもシャープなオトナ顔だ。

そのうえ、警戒心が強く、犬舎の隅っこでうずくまるように座っていた。おとなしい性格らしく、元気な子犬たちに踏みつけられてもワンとも言わない。愛嬌たっぷりの子犬たちの圧倒的な魅力に圧され、消え入りそうなほど影が薄かった。

「どうしよう」と、母と娘は一瞬、思案した。

すると、犬たちの世話をしているボランティアの女性が母に向かってこう言った。

「この子には兄弟がいたんですけど、1頭だけ残ってしまったんです。1歳にもなると、ごらんのように愛らしさがなくなるので、ますますもらい手がつかなくなるんですよねえ」

その言葉で、ぐらついていた母の気持ちは決まった。

ここで出会ったのも何かの縁。自分たちが見捨てたら、この犬は、もらわれていく子犬たちを見送る役で一生を終えるかもしれない。それではあまりに不憫《ふびん》だ。

母と娘は、気持ちも新たにその犬をクルマの後部座席に乗せた。

自宅には2時間ほどで着いた。家では、父が大きな犬小屋を用意して新しい家族の到着を待っていた。

老舗の酒店を経営しているこの父は、フランスワインの仕入れを得意とし、『Cave de Oyaji』の名称で早くからネット販売も行なってきたという、非常に進取の気性に富み、前向きな性格の持ち主だ。

後にこの父の性格が一家の窮地を救うことになるのだが、「犬が来た！　新しい家族ができた！」と喜んでいたこのときはまだ、そんな窮地が訪れるとはだれも想像すらしていなかった。

犬には「フジマル」という名前が与えられた。ボランティアの元で呼ばれていた名前とは別に、新しい名前をつけてやってほしいといわれていたことから、母が名づけ親になった。深い意味はなく、雰囲気でつけたのだという。

フジマルはさっそく庭先の犬小屋の前につながれた。

ところが新しい家に入ってはみたもののすぐに小屋から出てきて、犬小屋の周囲を掘りはじめた。それに飽きると、こんどは石灯籠《いしどうろう》の周囲を掘った。そうして窓の外からジーッと室内を見つめたまま、そこから動こうとしなかった。

「オレも家のなかに入りたい」

黒々とした大きな瞳はそう訴えかけているようだった。

「しょうがない、入れてやるか」

根負けした家族は、フジマルを室内で飼うことにした。

散歩は朝晩2回。基本的には自宅の近所を歩く。そして休日には父が運転するクルマで緑豊かな公園にでかけ、ときにはペット連れ可のキャンプ場にもでかけた。

家にいるときのフジマルは、家族が外出先から戻っても、玄関先に出迎えるようなこともなく知らんふり。ワンと吠えるのも、おやつのビーフジャーキーをお預けさせられたときくらいだ。

キャンプ場で川べりに連れて行くと、腰が引けてしまうほど水が苦手。「泳げない犬がいる！」と、その場にいた子どもたちに失笑されたエピソードもあるくらい、臆病でおとなしかった。

しかし、野山に放すと性格が変わったように生き生きと駆け回り、犬らしい姿を見せた。忠犬とはほど遠いタイプだが、おっとりマイペースなフジマルは、Kさん一家にとってなくてはならない家族の一員になっていた。

ところが2006年6月、そんな一家の生活が一変するような事態が起きた。近所を散歩中、正面から走ってきたミニバイクにフジマルがはね飛ばされたのだ。

母からの電話ですぐにクルマで駆けつけた父は、フジマルを乗せてかかりつけの獣医の元に走った。

右前足骨折、内臓損傷。獣医は、自分のところでは手に負えないと判断。フジマルは、設備もスタッフもそろっている横浜市内の「みなとよこはま動物病院磯子センター病院」に転院することになった。

再びクルマを走らせたKさん夫妻を待っていたのは、フジマルが生死の境に置かれているという厳しい診断だった。夜になりいったんは自宅に戻ったものの、追い打ちをかけるように病院の獣医師から電話が入った。

「フジマル君は、脊髄を損傷しているかもしれません。うちでは検査できないので、容態が落ち着き次第、ＭＲＩがある日大動物病院で精密検査を受けたほうがよいと思います」

一家は翌朝から3交代のシフトを組み、入院しているフジマルの看病をはじめた。家族の付き添いが犬にとっては何より励みになる、と獣医師から教えられたからだ。その甲斐あってか、内臓損傷で呼吸困難に陥っていたフジマルの容態は徐々によくなり、1週間後、日大動物病院へと移った。

フジマルはここで、枝村一弥獣医師の診察を受けた。検査の結果、脊髄損傷が確認され、幹細胞による再生治療の説明があった。

歩けるようになるかもしれない。一縷《いちる》の望みをかけて、Ｋさん夫妻はフジマルの治療を枝村医師に一任した。

2006年7月。事故からおよそ1か月が過ぎ、フジマルはやっと我が家に戻ることができた。むろん下半身は麻痺《まひ》したまま。神経が切れたため自力でオシッコができなくなってしまったフジマルには、尿道からカテーテルを挿入して注射器で抜き取る処置が必要になった。その役は母が受け持った。

リハビリを受けて足腰の筋力の衰えを防ぐよう枝村獣医師から指導されていたので、

母はある日、みなとよこはま動物病院磯子センター病院のリハビリ用プールにフジマルを連れていった。

入院中、病院の女性スタッフたちからスプーンでひとサジずつエサをもらい、治療費のなかでエサ代にいちばんお金がかかったほど食欲旺盛になっていたフジマルは、たいそう立派な体型になっていた。そのフジマルをやっとの思いで抱えてプールに入れたとき、母はフジマルが大の水嫌いだったことを思い出した。

しかし、もう後の祭り。フジマルはパニックを起こして水のなかで暴れ、母は頭からずぶ濡れ。リハビリの道はこれで閉ざされたかにみえた。

ところがこのとき、前向き思考の父の性格が発揮されたのである。

「プールがダメなら、土のある公園を探してそこで散歩させよう。歩けば筋力の衰えも多少は防げるはずだ」

「でも、歩けないのに散歩だなんて……。犬用の車イスをつくってあげましょうよ」

「いや、車イスを使ったら、それに頼りきりになるかもしれない。きっと何かよい補助具があるから探してみるよ」

夫婦の間でこのような会話が交わされ、父は、インターネットで動物用介護用品を販売するサイトを見つけ出し、腰を吊すベルトを購入した。

そして、自宅から30分ほど離れた羽田空港近くの公園にフジマルを散歩に連れ出すようになった。

その公園には芝生の斜面がある。「ここなら足の負担も軽いだろう。それに斜面だから脚力もつきやすいはずだ」と考えたのだ。

フジマルはベルトで下半身を吊されたような格好で公園を歩き回った。

そんなリハビリが半年ほど続き、Kさん夫妻は、フジマルの介助ベルトにかかる力がずいぶんと軽くなっていることに気づいた。

徐々にではあったが、フジマルの麻痺した後ろ足は確実に回復に向かっていた。

そして2007年6月ごろから、フジマルは散歩の最中に電柱の前でしゃがみ込み、自力でオシッコをするようになった。足はあげられないものの、クンクンとニオイをかいでから放尿するところをみると、マーキングしているつもりなのかもしれない。

「オシッコが自力で出せるということは、損傷した神経が再生してつながったということじゃないか。それは治ったということだよ」

父は、内科医の友人からこんなうれしい言葉をもらった。

２００8年8月現在、フジマルは室内では立って歩いている。もちろんまだ足取りはおぼつかないが、後ろ足を使って歩く。散歩のときも、一応介助ベルトは使用しているが、自分が興味をもったものを見つけると猛ダッシュする。完全に歩けるようになるまであとひと息といった感じだ。

「不幸な事故ではあったけど、あの事故を経験し紆余曲折《うよきょくせつ》を経たことで、ますますフジマルのことが愛《いと》おしくなったし、前向きなフジマルから教えられることも多かった。だからいまは幸せです」

こう言いきるKさん一家。そして、自力で排尿ができるのに、いまも朝と晩は、母にオシッコをとってもらっているフジマル。そのときの表情は、うっとりとじつに心地よさそうだ。

# 生き埋めの主人を救った忠犬タマ公

忠犬、といえば東京・渋谷駅前のハチ公。東京帝国大学の上野英三郎博士にかわいがられ、1925年に博士が亡くなった後も渋谷駅で主人の帰りを待ったハチの銅像は、1934年にできた。

しかし秋田県大館市の駅前にもハチの銅像はある。

こちらが登場したのは1935年。ハチが死んで4か月後のことだ。大館市は、1931年に、犬としては日本で初めて天然記念物に指定された秋田犬の原産地。そしてハチのふるさとなのだ。

ハチは、当時盛りあがっていた日本犬保存運動のシンボル的存在だった。

ハチが渋谷駅通いに明け暮れていた1928年、犬の研究家だった斉藤弘吉さんによって日本犬保存会が発足した。

現在の日本犬の祖先は、1万2000年ほど前の縄文時代から日本列島に住みついていた犬と、弥生時代（BC4〜AD3世紀）に朝鮮半島から渡ってきた犬のミックスだといわれている。

長期にわたり古来からの純血種が守られてきたが、明治時代以降、ダルメシアンやビーグルなどの洋犬を飼う人たちが増加。それにともない日本犬との雑種も増えはじめ、危機感を抱いた東京帝国大学の渡瀬庄三郎教授が、大正時代に日本犬の保存を提唱。これを受けて斉藤弘吉さんが日本犬保存会を立ち上げた。

そしてタイミングよく、渋谷駅通いをしていたハチの存在を知り、その様子を東京朝日新聞に寄稿。1932年10月に「いとしや老犬物語、今は亡き主人の帰りを待ちかねる7年間」というタイトルで、ハチの記事がでた。

その後はラジオでも紹介されたり、尋常小学校の〝修身〟でもとりあげられるなど、ハチの存在は、忠犬という形容詞がつけられて一人歩きをはじめた。

いってみれば、盲導犬クイールのように超メジャーな犬だったのだ。

だから生後2か月足らずで秋田から東京に移っているのに、生まれ故郷というだけで銅像が立った。

大館は製材・木工業が盛んで、鉱山もあり栄えたというから、銅像で町おこしを狙ったとは考えにくい。となると、天然記念物の秋田犬の本場をアピールするのが目的だったのかもしれない。

生後2か月といえば、ハチが上野博士と暮らしたのもわずか2年ほど。駅前で待ち続けた時間のほうが、はるかに長かったのだ。忠犬、おそるべし。

ただ、渋谷と大館の初代銅像は、その後、太平洋戦争中の金属回収令で徴集され溶かされてしまった。現在、渋谷駅前に立つハチ公は、1948年作の2代目。そして大館駅前に立つハチ公は、1987年作だ。

ところで、忠犬ハチ公が世間の注目を集めていたころ、新潟県の川内村（現・五泉《ごせん》市）でも忠犬が大活躍していた。

五泉市は、福島県と新潟県を結ぶ磐越西線の沿線の町だ。近くには名湯、咲花《さきはな》温泉もある。山間《やまあい》にあった川内村では狩猟を生業《なりわい》とする者が多く、早出川の近くに住んでいた刈田さんもそんな1人だったようだ。

刈田さんの相棒は柴犬。名を「タマ」といった。雪崩《なだれ》に巻きこまれて生き埋めになった主人を、冷たい雪の下から2度も救出した英雄である。

くわしくは、五泉市役所のホームページ「忠犬タマ公物語」に紹介されているので、そちらをどうぞ。で、その際注目してほしいのがタマの写真だ。

写真に写る銅像は、五泉市の村松公園にあるものだろうか。よく見ると、ご丁寧にオッパイのふくらみまで彫られている。どうやらタマは何度か出産し、子孫を残したようだ。

刈田さんと一緒に写っている写真はモノクロなのでわかりにくいが、ふつうの柴犬とは顔立ちも体毛の柄も若干ことなる。

じつは俗にいう柴犬は、『人と犬のきずな』（田名部雄一著）によると、長野県にいた柴犬を祖先にもつものが多いという。そして秋田犬に遅れること5年、１９３６年に天然記念物の指定を受けた。

かつては、日本各地に住む小型の「地犬《じいぬ》」を柴犬と呼んでいたのだとか。

純血種は絶えてしまったが、新潟県には「越後柴（越後犬）」と呼ばれた地犬がいた。この犬は狩猟犬としてきわめて優秀だったという。生まれた時期から推すると、タマも越後柴だったのかもしれない。

それにしても驚かされるのは、タマ公の銅像の数だ。JR新潟駅のほか、地元の川内小学校校庭、五泉市内の村松公園など少なくとも5か所にある。

なんと、神奈川県横須賀市の衣笠山《きぬがさやま》公園には石碑があるという。新潟県出身の有志によって建立されたというが、碑文を書いたのは小泉純一郎元首相の祖父で元逓信《ていしん》相の小泉又次郎だった。

そしてお膝元の新潟県五泉市。村松公園のタマ公の銅像と並んで立つ碑文は、小泉純一郎元首相が書いた。

命がけで主人の命を救ったタマ公を、元首相は名犬と称《たた》えたとか。さて、その真意は……。

# 盲導犬の終《つい》の住処《すみか》・老犬ホームで悠々自適

全国には約1万7000軒の老人ホームがある。老人福祉法では老人ホームのことを「老人福祉施設」というが、入所して生活するタイプの施設でいうと、老人短期入所施設、軽費老人ホーム、養護老人ホーム、特別養護老人ホーム、有料老人ホームなど、さまざまなタイプのものを含めてこう呼んでいる。

では、「老犬ホーム」はあるのだろうか。

答えはイエス。盲導犬専用の老犬ホームが2軒、一般の犬の有料老犬ホームが数軒だ。この一般向けの老犬ホームは年会費を支払い、世話をしてもらう。飼い主が入院したり、自らも老人ホームに入居し面倒を見きれなくなり預けられるケースが多いという。

だが、盲導犬の老犬ホームのばあいはちょっと事情がことなる。

第1号が登場したのは1978年。札幌市内にある北海道盲導犬協会の施設内で産声をあげた。当時は世界で唯一だったという。

現在、全国で活躍中の盲導犬は約1000頭。盲導犬は、国の認定を受けた9団体の訓練所で育成されている。

子犬のときは生後1か月半で母親と離れ、各訓練所と契約しているパピーウォーカーと呼ばれるボランティアによって育てられる。期間は約1年間。その後適性試験を受け、合格すると、北海道盲導犬協会のばあいは7か月間の訓練生活に入る。

日本の盲導犬第1号は、ジャーマン・シェパードのチャンピイ。1957年に、東京のアイメイト協会が訓練した。

北海道盲導犬協会が設立されたのは、それから13年もたった1970年。ちょうど万国博覧会が大阪で開催された年だ。

この協会は、視覚障害者や札幌市福祉センター職員ら7名のボランティアによって立ちあげられた。第1号のミーナ（ラブラドール・レトリーバー）は1971年に誕生。その後次々と盲導犬が送り出されたが、数年後に、リタイアした盲導犬の扱いをめぐる問題が浮上した。

盲導犬は、ユーザーが買い取るわけではなく、無償貸与だ。所属はあくまでも訓練施設になる。一般的には、務めを終えた盲導犬は「老犬委託飼育家庭」と呼ばれるボランティアかパピーウォーカーに引き取られる。あの有名なクイールも、パピーウォーカーだったNさん夫妻のもとに戻り、手厚い介護を受けて最期《さいご》を迎えた。

しかしボランティアのもとに引き取られると、元ユーザーは、いつでも遠慮なく会いに行くというわけにはいかなくなる。また、一方ではリタイア直後から病気などで介護が必要になるばあいもあり、ボランティアのもとにリタイアした盲導犬を委《ゆだ》ねるのが躊躇《ためら》われるようなケースもある。

そこで北海道盲導犬協会では、検討の末に、24時間介護の老犬ホームを誕生させた。もちろんすべての盲導犬がここで最期を迎えるわけではない。ボランティアやパピーウォーカーに引き取られる犬もたくさんいる。

「犬は年をとると、後ろ足からダメになっていくんですよねえ」

老犬たちを前に、こう説明してくれたのは、北海道盲導犬協会の辻恵子さんだ。

短大卒業後にトリマーの専門学校に通い、その間にパートで北海道盲導犬協会に採用され、後に正職員となった。以来、20年ちかく老犬たちの世話をしている。これまで看取《みと》った犬の数は約２００頭にものぼる。みな、辻さんら職員とボランティアの手厚い介護を受けて旅立った。

辻さんは、ここで過ごしていた老犬たちの写真を前に、こんな話を聞かせてくれた。

「盲導犬をやめてすぐに寝たきりになるわけではないので、最初のうちは散歩に出たり、ふつうに過ごしているんです。でも徐々に足腰が利かなくなってくる。最初のうちは意識もしっかりしていますから、立てない、歩けないのがもどかしいようで、いらついているのが見ていてわかるんです。犬にとっても、私たちにとっても、いちばん辛い時期ですね」

数年前に新築された協会の施設は、札幌市の中心部を流れる豊平川のほとりにある。老犬たちが寝起きする部屋は広々としたカーペット敷き。キッチンやテーブルもあり、ボランティアの人たちがくつろぎながら、老犬を世話できるようになっている。

以前はコンクリート敷きで殺風景だった運動場が、いまは豊平川や藻岩《もいわ》山を望む屋上に移り、一角にはサンルームまである。足腰の弱った老犬たちがその屋上まで楽に直行できるようにエレベーターも設置された。老犬が少しでも快適に暮らせるようにとの配慮が至るところに見受けられる。

「ジャグジーバスも導入してもらいました。水流のあるお風呂に入れると、血行がよくなり、筋力の低下を防ぐのに役立つんです。協会と提携している犬専用の温泉施設が市内にあって、そこに連れていくこともあります。でも、やはりどの子も最後は寝たきりになりますねえ」

床ずれをつくらないように数時間おきに体位を変え、排泄のときは抱えて体を支えてやる。エサもやわらかくしたドッグフードを少しずつ口に運んで与える。

やせて骨と皮だけになってしまった体を、何時間もさすってあげることもある。そんなことが1年のうちに何度もくり返される。

老犬ホーム内の人目のつく場所に、数か月前に逝った犬の遺骨と写真が置かれていた。辻さんはため息まじりにこうつぶやいた。

「盲導犬は酷使されてかわいそうだという方もいますけど、15歳、17歳と長生きする子がたくさんいるんですけどねえ」

盲導犬に対する世間の偏見は、２００２年に身体障害者補助犬法が施行されてからも消えたわけではない。だが、実際にはユーザーも訓練施設も、盲導犬を宝物のように大切にしている。北海道盲導犬協会の老犬ホームはその好例かもしれない。

# 映画になったガイド犬、平治

昔むかしヨーロッパアルプスでは、峠越えをする旅人たちが、雪崩にまきこまれて命を落とすケースがあとをたたなかった。

現在のスイスとイタリア国境のグラン・サン・ベルナール峠にあった修道院の修道士たちが遭難者の救出にあたっていたが、そのとき一緒に活動していた大型犬が、セント・バーナードだった。

セント・バーナードは夜道では旅人の先を歩き、遭難者がでると捜索にあたった。40人の命を救った「バリー」のような名犬もいた。そのころはいまとはちがい、動きが敏捷《びんしょう》でたくましかったらしい。

ところ変わって、現代の日本にもガイド犬として活躍した名犬の物語が残っている。

1992年春、『奇跡の山　さよなら、名犬平治《へいじ》』という映画が公開された。

児童文学作家・坂井ひろ子さんが書いたノンフィクション『奇跡の山――ありがとう！　山のガイド犬「平治」――』にもとづいて映画化された作品だ。監督は水島総。主演は、失語症におちいった少女の役を演じた中江有里と犬だった。中江はこの映画で、第16回日本アカデミー賞新人俳優賞と第30回ゴールデンアロー賞映画新人賞を受賞した。

しかしこの映画でいちばん脚光を浴びたのは、犬だった。テレビコマーシャルの世界では、動物ものは当たるというのが定説だ。映画についても、動物ものはほとんどヒットしている。そして映画のモデルとなった犬の平治も、人の心に感動を与える要素をすべてそろえていた。

舞台は、阿蘇くじゅう国立公園内にある大分県・飯田《はんだ》高原の長者原《ちょうじゃばる》。湯布院までクルマで約40分。くじゅう連山の登山口がある温泉郷だ。

1973年夏、登山口の長者原バスターミナルの近くに、1頭の子犬が姿をあらわした。皮膚病にかかり、毛は汚れてごわごわしていたが、毛の色や姿かたちから、どうやら秋田犬の雑種のようだった。

犬は、バスターミナルの切符売場で働いていた荏隈《えのくま》保さんに発見され、そのまま居ついた。

平治という名前は、くじゅう連山のひとつ平治《ひじ》岳にちなみ、荏隈さんが命名したもの。「へいじ」と読む。だがメス犬だ。

荏隈さんは平治を連れて、よく山を歩いた。

そんなある日のこと。登山者がよく利用する長者原の食堂に荏隈さんが顔を出すと、店のおばちゃんがあわてて駆け寄ってきた。

「ゆうべ夜遅くに、坊ガツルで道に迷った年寄りの夫婦を、平治がここまで連れて帰ってきたとよ。皮膚病の薬代にしてくれいうて、1000円おいていきよった」

坊ガツルはくじゅう連山に囲まれた広大な湿原。老夫婦は北九州のほうからハイキングに訪れていたらしい。

平治の働きを知った荏隈さんは、平治には山岳ガイド犬としての資質があるのではないかと思った。

秋田犬の先祖はマタギの犬だ。主人とともに獲物を追い山を駆け、状況を判断する能力に長《た》けている。雑種ではあっても、平治にもその特徴がしっかり受け継がれていたのかもしれない。

荘隈さんは従順でかしこい平治を、山道を案内できるガイド犬として仕込んだ。しばらくたつと登山道では、「大分くじゅうガイド犬平治号」と書かれた首輪をつけた犬が目撃されるようになった。

「いまと違って放し飼いにしとっても文句をいわれん時代だったから、平治は山のなかを好きに歩いておったとよ。仕事が休みの日には私も山岳ガイドをやっておって、私は私でお客さんを案内して、平治は平治でほかのお客さんを案内しとった」

と荘隈さんは懐かしそうに語る。

登山客はたいがい二泊三日でキャンプをしながら山をまわった。その登山客とともに歩いていた平治は、客からエサをもらっていた。

「1日目は、だいたいみんな生肉を持っておってそれを焼いて食べるから、平治も肉が食べられた。2日目になるとハムとかソーセージに変わる。だけど3日目になると最終日だから、普通の登山客はカップ麺ですませてしまう。それで平治は自分で野ウサギやタヌキを捕まえて食べておった」

朝、荘隈さんが勤め先の長者原のバスターミナルに出てみると、そのそばの食堂前に、タヌキの死体が3体並べられていたこともある。死骸は内臓だけきれいに食べられていた。平治のしわざだった。

栄養がよかったからなのか、平治は体重が50キロもある筋骨隆々の巨体に成長した。そのたくましい体で、いったい何人の登山者を案内したのだろう。草むらからぬうっと姿を現すこともあり、登山者を慌てさせたこともあった。

くじゅう連山にはおおぜいの登山者が訪れる。しかし軽装で入り、道に迷ってしまう初心者があとをたたなかったという。

ところが平治が道案内をするようになってから、遭難騒ぎはぴたりとおさまった。

登山者が道に迷うと、さっきまで後ろをついてきていた平治が、こっちへ来いと言わんばかりにスタスタと前を歩きはじめる。山小屋まで導くこともあれば、ちかくの集落まで導くこともあり、平治は多くの登山者を遭難の危機から救った。

1988年6月、山開きの前日に平治はガイド犬を引退した。首輪は平治が生んだ2代目平治に譲られた。

それから2か月後の8月3日、平治は星生キャンプ場で眠るように旅立った。300名の学生を案内した直後、皆に見守られての大往生だった。

荏隈さんは70代半ばをすぎたいまも、山のガイドを行なっている。2006年まで

平治号

は3代目と4代目の平治を連れていた。しかし3代目は16歳、4代目も14歳となり、現在は荏隈さんが1人で登山客を案内している。

「ペットブームで、犬を連れて山に入る人が増えて、うちの犬たちはおとなしいし年寄りだから何もせんけど、綱をつけて歩かなきゃならなくなった。犬たちはずっと放し飼いで自由に山を歩いておったから、綱をつけるといやがる。そんなこともあって引退させたんです」

平治が山を歩いた14年間、そして2代目、3代目、4代目があとを継いで歩いた18年間、くじゅう連山では1人の遭難者もでなかったという。

長者原ビジターセンターには、くじゅう連山を見つめる平治の銅像が立ち、平治もその脇で眠っている。

# 弘法大師の使いの名犬!? 高野山の名犬、ゴン

ガイド犬のなかには、神社仏閣の参道にいて道案内をしてくれる犬もいる。和歌山県九度山町にある慈尊院で飼われていた「ゴン」だ。紀州犬と柴犬の雑種だった。

高野山への入り口は7か所あり、慈尊院はその表玄関にあたる。816年に弘法大師（空海）が高野山を開いたとき、政所をおくために伽藍《がらん》をたてたのがはじまりだ。

高野山は明治に入るまで女人禁制だった。そのため、834年に弘法大師に会おうと母が訪ねてきたとき、親子はここで再会をはたした。すでに80歳を超えていた母は翌年亡くなるが、弘法大師は廟堂を建立し、自作の弥勒《みろく》菩薩像と母の霊を祀《まつ》った。以来、慈尊院は「女人高野」と呼ばれるようになったという。

慈尊院から総本山金剛峯寺《こんごうぶじ》までは、世界遺産に指定されている高野山町石道という参詣道がつづく。距離にして約20キロ。お遍路さんやハイキングを楽しむ人たちが、

この表街道から高野山に向かう。

その山道にゴンが姿を見せるようになったのは、1989年ごろだった。

慈尊院の檀家で飼われていた犬だったらしいが、近くの共同墓地に捨てられ、いつのまにか慈尊院から2キロほど離れた南海高野線九度山駅のあたりをうろつくようになった。そうして電車から降りてくる参拝客を慈尊院まで案内してくる。最初のうち住職は、食べ物ほしさに境内に顔を出すのだろうと思っていた。

ところが、そうではなかった。

ある日、高野山から下りてきた参拝客の1人が住職に言った。

「九度山駅から高野山まで、道先案内するように白い犬が私たちの前を歩いてくれたんですよ」

その話に住職は自分の耳を疑った。九度山駅から総本山金剛峯寺より奥にある弘法大師御廟まで片道約26キロ。慈尊院まで戻ると約52キロもある。それほどの道のりを往復十数時間で歩き、慈尊院まで戻ってくるとは……。

そのとき、参拝客が言葉を継いだ。

「あの犬のおかげで、道に迷わずにすみました」

猫好きで犬には関心のなかった住職も、寺まで戻ってきた健気な犬に哀れみをおぼえた。

そして、その日から境内の片隅にゴンのエサを置いた。

だが、ゴンは警戒していたのか、なかなかエサを食べようとしなかった。もともとが飼い犬だったから人恋しさで参拝客の道案内をしていたものの、一方では自分を捨てた人間に不信感をもっていたのだろう。

そんなゴンの境遇を思うと、住職はますますゴンが愛おしくなり、忍耐強くエサを与えつづけた。

ゴンは、その間も参拝客を九度山駅から慈尊院、高野山へと導いた。慈尊院に戻ってくるのは午後8時過ぎ。毛がドロドロに汚れているところを見ると、どうやら帰りは、藪《やぶ》をかき分け山を下りてくるようだった。

やがて、ゴンは住職が用意するエサを口にするようになった。

そうして午前3時のお勤めで住職が本堂に向かう時間になると、どこからともなく現れて姿を見せるようになった。名前を呼ぶとうれしそうに尻尾をふる。ゴンは住職にすっかり心を許すようになっていた。

一方で、参詣堂を道案内するゴンの名犬ぶりが町の人たちにも知られるようになった。噂を聞きつけて新聞社やテレビ局も取材に来た。

弘法大師は、猟師に姿を変えた高野明神に導かれて高野山を見つけたという伝説がある。このとき猟師は白と黒の2頭の犬をつれていたという。黒い犬が2頭だったという説もあるが、ゴンは「弘法大師の使いの名犬」の再来とまで言われるようになった。

しかし1995年でゴンは道案内役を引退する。足腰が弱りはじめていたのだ。じつは後にわかったことだったが、このときすでにゴンは21歳になっていた。人間の年齢に換算すると100歳くらい。50キロも歩くのは、いかに健脚のゴンでもさすがに無理だった。

引退後のゴンは慈尊院の境内ですごしていた。

そんなゴンのもとを、和歌山市内からピレネー犬のメリーが時折訪ねていた。2頭は仲がよく、ゴンはメリーが来ると、山を歩いていたころのように生き生きとした表情を見せた。白内障で視力は衰えていたものの、悠々自適の老後だった。

2002年6月5日、ゴンはついに旅立った。フィラリアで体調をくずしていたのだが、27歳だったというから大往生である。奇しくもその日は、弘法大師の母の月命日だった。

現在、慈尊院の境内には、弘法大師の石像の横にゴンの石像が建っている。それだけではない。生前のゴンを描いた絵札やお守りも販売されている。

「ゴンちゃん、ゴンちゃん」と、いまもゴンの話題になると話が尽きない住職の愛情のあらわれ。そんな住職の姿が、亡きペットの写真で手製のカレンダーをつくり、毎年友人らに配っている我が友の姿と重なった。

人間にやさしい思い出を残して旅立ったすべての犬たちに合掌。

# 介助犬、シンシアの思い出

2002年10月から身体障害者補助犬法が施行された。

補助犬と認められるワーキングドッグは、盲導犬、介助犬、聴導犬の3種。この法律により、これら3種のワーキングドッグは公共施設、交通機関、飲食店など不特定多数の人が利用する施設の利用を認められ、ユーザーに伴いどこにでも出かけられるようになった。

しかし早くからこれらが認められていた盲導犬はともかく、介助犬と聴導犬はペット扱いであったため、身体障害者補助犬法の施行は介助犬や聴導犬のユーザーにとっては、外出時に立ちはだかっていた「犬連れ利用禁止」の関所越えとなった。

この法律の制定にあたっては、多くの関係者の並々ならぬ努力があった。なかでも介助犬のシンシアとユーザーの木村佳友さんは、宝塚市と東京間を電車と新幹線を乗り継いで何度も往復。国会議員による介助犬の勉強会に出席するなど、法律の制定にむけて大きな役割をはたしていた。

シンシアは、その暮らしぶりが毎日新聞で長期間にわたり紹介されるなど、介助犬のシンボルとして活躍した犬だった。

新婚まもないころにバイクの転倒事故で頸椎を損傷し、20代後半で四肢の自由を奪われてしまった木村さんは、リハビリ生活の後にペットとしてシンシアを飼いはじめた。木村さんに飛びつき何度も車イスから転倒させたほど元気がよく、シンシアのおかげで木村家には数年ぶりに笑いが戻るようになっていた。

そんなあるとき、木村さんは雑誌で介助犬の存在を知った。妻の美智子さんが仕事で出かけた後、在宅勤務の木村さんは自宅で1人きりになる。そのころは携帯電話が普及しておらず、家族の留守中に車イスが転倒したとき、電話で助けを求めることができない。冷蔵庫の飲み物も取り出せない。

木村さんは思いきってシンシアを介助犬の訓練に出した。訓練を受ければ、少しは自分の助けになってくれるかもしれない。そんな思いだった。

まさか、その後、マスコミの取材をしょっちゅう受け、国会にまで出かけるようになるとは想像もしなかったことだろう。

私がシンシアと初めて会ったのは、シンシアが訓練所から自宅に戻り1〜2年たったころだった。

木村さんの自宅を訪ねた私の目の前で、シンシアは木村さんの靴下を脱がせたり、電話機を口にくわえて運んできたり、外出先ではエレベーターのボタンを押すなど、介助犬としての訓練の成果をたっぷりと見せてくれた。

シンシアが暮らす宝塚で会ったのは2回ほど。最後に会ったのは東京都内のホテルだった。

介助犬の存在を多くの人に知ってもらいたい。そう願い、仕事の合間に講演活動にかけまわり、取材にも気さくに応じてくれる木村さん。微力ながらも何かお手伝いができたらと、講演活動で上京した木村さんと妻の美智子さんにインタビューをお願いしたのだ。

ホテル内の和食店で、シンシアはほかの客たちの視線を集めるなか、何時間もじーっと静かに木村さんの足元に座っていた。本来のシンシアはものすごい食いしん坊だというのに、鼻先をピクリとも動かさない。

木村さんからは、介助犬の出入りできる場所が限られ、入店や宿泊拒否に何度もあっていると聞かされていた。こちらでセッティングした和食店を見つけ出すのも、やはりひと苦労の末のこと。日本国内でのワーキングドッグの認知度がいかに低いか実感させられたインタビューでもあった。

その後日々の雑事に追われ、シンシアを取材する機会は訪れなかった。

2005年12月、シンシアの引退の知らせが木村さんから届いた。そうこうしているうちに年が明け、2006年3月14日、シンシアの訃報が飛びこんできた。死因はガンだった。

木村さんと美智子さんは、シンシアを失った悲しみに落ちこんでいる暇はなかった。じつはシンシアの後継として、「エルモ」というオスのラブラドール・レトリーバーがすでに木村家にいたのだ。

シンシアが逝った当時は、介助犬になってまだ数か月。エルモは訓練を受けた〝プロ〟ではあっても新米。シンシアのようなわけにはいかなかった。

そして木村さんは、シンシアの思い出をホームページで綴る一方、エルモの日常も綴りはじめていた。

エルモは、２００８年で介助犬になって3年になる。いまではその仕事もすっかり板につき、木村さんのよきパートナーだ。シンシアも天国から安心して木村さんとエルモを見守っているにちがいない。

介助犬、盲導犬、聴導犬。いずれもユーザーの日常生活の大きな助けとなる犬たちだ。

しかし、ユーザーにとって補助犬と暮らしをともにするということは、精神面でのプラス効果が何より大きいように見える。重い障害を抱えながらも笑顔を絶やさず前向きに人生をきりひらいているユーザーのみなさんに出会うと、犬が持つ底力に感心せずにはいられない。

そしてシンシアは、私にそのことを教えてくれた最初の犬だった。

世のなかのすべての犬に乾杯!!

# 第4章

# わんこは
# こんなに役に立つ！

# サルもびっくり　モンキードッグ活躍中

全国各地から、ニホンザルによる田畑の被害が報告されている。

しかも、その件数は増加傾向にあるようで、農家の人たちにとって、ニホンザルは害獣だ。カラスなら防護ネットなどでまだ防ぎようがある。ところがニホンザルは知恵が働くから、電柵をはりめぐらしてもわずかな隙間を見つけ、電柵の下をラクラク越えてしまうらしい。

発信機をつけて、サルの群れが近づくと人間が出ていき、追い払うといったことも試みられている。しかしロケット花火を使って追い払ってもあまり効果がなく、農家の人たちもあれこれ知恵をしぼってみたものの、ついに万策尽きてしまった。

そこに登場したのが長野県大町市の「モンキードッグ」だった。

発案したのは役場の職員。猿害に頭を抱えていた地元の農家の人が、その発案に同意してモンキードッグの育成に名乗りを挙げた。農家で飼っていた「ポチ」を地元の警察犬訓練所に入れ、2005年に第1号が登場した。市が訓練費の一部を補助する、官民連携のサルプロジェクトである。

ふだんはのんびり惰眠をむさぼっているポチが、サルが近くに出没して綱を解かれたとたん、目つきも凜々《りり》しいモンキードッグに大変身。畑の野菜、果樹園の果物をむさぼり喰うサルたちに吠えかかり、山の奥に姿を消すまで追いかける。

効果は予想以上に高く、モンキードッグがいる農家の畑の周辺には、サルが出没しなくなったという。

現在、大町市では10頭が活躍中だ。

いまでは青森県、和歌山県、高知県、三重県などでもモンキードッグの育成に力を入れている。高知県中土佐町のように、サル撃退事業を「サル去るプロジェクト」と呼び、その一環でモンキードッグ育成も行なっている自治体もある。

モンキードッグは、ほとんどが農家の飼い犬だ。警察犬訓練所に数か月間入り、お座り、伏せなどのスタンダードなしつけからはじめられる。

愛知県では2008年から動物保護管理センターに収容された犬を訓練所にあずけ、モンキードッグとして育成をはじめた。

モンキードッグについては動物愛護団体から、犬にサルを追わせるのはいかがなものか、といった声もあがっているという。しかし、動物保護管理センターに収容された犬たちにワーキングドッグとして第2の道が与えられ、しかも農家の人たちも猿害から救われるのだから、悪い話ではないはずだ。

ちなみにモンキードッグに追いかけられたサルは、人間に追いかけられるときに比べて3倍のスピードで逃げるのだとか。やはり犬猿の仲なのですな。

# 活躍の日は来るか？　イモ掘り犬

沖縄の特産品のひとつ、紅イモ。紅イモはサツマイモの一種で、17世紀初頭に中国の福建省《ふっけんしょう》から伝来したといわれている。アントシアニンという色素が豊富で、皮をむくと紫色のイモ肉があらわれる。読谷村《よみたんそん》で盛んに栽培され、収獲量は2006年度で約1600トン。沖縄県全体の収穫量の4～5割を占める。上品な甘みがお菓子にぴったりというわけで、いろいろな製品が誕生した。

ところがこの紅イモ、せっかく大きく育てても、イモゾウムシやアリモドキゾウムシの幼虫がついてしまうことが多々ある。害虫にやられてしまうと、芋を割ったとき悪臭がする。やっかいなのは、熱を加えて調理するとさらにニオイが強くなることだ。収穫後に幼虫が表面を這った跡がないか選別するが、見つけるのがなかなか難しいという難点を抱えている。

もし、害虫にやられた紅イモが消費者の手に渡ったら、せっかくの特産品のイメージダウンになってしまう。どうしたらもれなく害虫を見つけられるか。それが、農家の人たちにとっては大きな課題になっていた。

そんなある日、村役場の職員の1人が雑談中に、犬に選別させる方法を提案した。犬の嗅覚は鋭い。ニオイを選別できるように訓練すれば、害虫にやられているイモを見つけ出してくれるのではないか。それに、犬が選別したイモということで話題性もある。ブランド力も高まって一石二鳥だ。

この提案に役場の関係者一同拍手喝采。イモ掘り犬育成の可能性調査費用として40万円の予算がつき、さっそく県内の警察犬訓練所で、2歳のシェパード「ベン」の訓練が行なわれた。

当初はベンが、紅イモを選別する前に食べてしまうのではないか心配する声もあったそうだが、それも杞憂《きゆう》におわり、ベンは害虫の被害にあったイモだけを嗅ぎ分け、選びだした。2008年もイモ掘りシーズンに合わせて、引き続き可能性を探るとか。

那覇空港のみやげもの店に、イモ掘り犬選別の〝特掘り紅イモ〟が並ぶ日もそう遠くはなさそうだ。

# 飛行機から降下　パラシュート犬

もう十数年も前になるが、パラグライダーで空を飛ぶ犬が話題になったことがあった。

飼い主が大のパラグライダー好きで、毎日のように伊豆の空を飛んでいた。しかし飛ぶたびに愛犬が藪をかき分け、沢を下り、ときにはずぶぬれになりながら小川も渡り、必死になってついてくる。その姿を見るのがしのびなく、試しにタンデムで飛んでみたところ、これが思いがけず気持ちよさそうな表情。以来、愛犬連れで飛ぶようになった、という。

パラグライダーは高さ数百～2000メートルまで上昇し、風に乗って滑空する。信頼する主人が一緒ならたとえ火のなか、空の上ということか。この伊豆の犬は2000回以上も空を飛んだそうだ。

しかし、空を飛んだのは伊豆の犬が世界初ではない。

飛行回数では、伊豆の犬はギネス級と思われるが、世界で初めて犬が空を飛んだのは200年も前の18世紀後半のこと。その犬は、ドーバー海峡を気球で飛んだJ・P・ブランシャールという人物が行なったパラシュートの降下テストの実験台にされたのである。いまなら動物虐待で、世界中から非難囂々《ごうごう》だろう。しかし、当時のヨーロッパでは多くの発明家が試作して実験飛行に挑もうとしていた時期だった。中国ではすでにパラシュートの原型となる飛行道具があったが、イギリスではパラシュート自体が初ものである。

レオナルド・ダ・ヴィンチもパラシュートらしきものを設計していたが、本格的な実験がはじまったのは18世紀以降だ。ちなみにパラシュートはフランス語。「para（守る）」と「chute（落ちる）」を組みあわせた造語だ。

空を飛んだ犬は、飼い主と乗った熱気球から落とされた。ただ、パラシュートが小さすぎて着地に失敗したらしい。

この事実を知っていたのかどうか定かではないが、第二次世界大戦前のドイツではシェパードがパラシュートつきのカプセルに乗せられて、目的地の上空で飛行機から

現在のパラシュート犬
昔のパラシュート犬

落下させられた。

カプセルは地面に落ちたときの衝撃でパカッと開き、シェパードには軍用犬として負傷兵の救助や捜索などの仕事が待っていた。

フランス軍は、インドシナ戦争のときに、パラシュート犬を採用。なんとパラシュート部隊までつくった。

数メートルの高さから飛び下りる訓練を受け、ついには400メートルの高さを飛ぶ飛行機から降下。パラシュートは、自動的に開いた。革製の降下服を着て、顔を保護用マスクで覆った数頭のパラシュート犬は、怖がることもなく軽やかに着地。任務についたという。

そして現在。パラシュート犬たちは隊員の肩から吊され、母ザルの腹部にペタリとへばりつく子ザルのような格好で、飛行機から放り出される。気分はいかに？　聞いてみたいものである。

# 動物介在療法　学校犬が子どもをいやす

近所に「みどり」ちゃんという日本猫がいる。白地に黒いまだら模様で尻尾も短い、昔ながらの純和風猫だ。

飼い主さんが、みどりを略してミーちゃんと呼んでいるので、てっきり女の子だと思っていたら、これがなんと、オス猫だった。自然を愛し、庭を緑でいっぱいにしている飼い主さんの趣味でつけられた名前である。

そのミーちゃんが、ときどきわが家にやってくる。去勢してからぶくぶく太りはじめたミーちゃんは、大きな体に似合わず、かわいらしい声でミー、ミーと鳴く。

ミーと鳴かれて、足元でころりと寝ころばれると、急いでいてもついつい足を止めて撫《な》でてしまう。あ〜、約束の時間に間に合わなくなるぅ〜と思っても、もっと撫でてちょうだいにゃぁ〜と猫なで声で甘えられると、ついついこちらも頬《ほお》がゆるむ。

しかしこれこそがアニマルセラピー。動物にふれると、オキシトシンというホルモンが脳から分泌され、幸せいっぱいの気分になれるのだという。

アニマルセラピーは日本語では動物介在療法という。東京都内のある私立小学校では、2003年から犬と一緒に学校生活を送る「動物介在教育」に取り組みはじめたという。学校のホームページを開くと、その内容が詳しく紹介されている。

それによると、学校で暮らしている犬は、メスのエアデール・テリア。『世界の犬種図鑑』(エーファ・マリア・クレーマー著、古谷沙梨訳/誠文堂新光社刊)によれば、この犬種は並はずれて賢く、盲導犬や警備犬、災害救助犬、猟犬、子守犬と何でもこなせる優れた能力をもっているそうで、学習意欲も旺盛なのだという。

この犬は、犬による「動物介在教育」を提案した教員のYさんと毎朝登校し、夕方まで学校で過ごしているという。その間、児童が当番制で犬の世話をする。

ホームページで紹介されている子どもたちの表情はとても明るく、楽しそうだ。

一方、長野県小諸市の長野県動物愛護センターと小諸市教育委員会も、アニマルセラピーを情操教育に取り入れ、大きな効果をあげている。

ここでは動物愛護センターを「ハローアニマル」と呼ぶ。動物との交流を通じて子

どもの心の発達を促す場として2000年春にオープンした。そして、2005年春から医師の指導にもとづき、アニマルセラピーのプログラムを導入。獣医師や動物飼養スタッフなど総勢21名のスタッフによって運営され、犬、猫、ウサギ、モルモット、ヤギなど数十匹が飼育されている。

授業の一環でここを訪れ、犬や猫とのふれあい方のマナーを教わったり、遠足で訪れたり、あるいは週末は家族連れが訪れたりと、利用者の幅も広い。

しかし、ここのもっとも大きな特徴は、不登校の児童生徒を受け入れている点だろう。

ここでアニマルセラピーを受けている子どもたちは、エサやりなどの飼育を通じて獣医師などと会話をするようになり、ハローアニマルで開催されるイベントを手伝うなどしているうちに、周囲の人とのコミュニケーションを学びとるという。これまでに児童・生徒ら100名以上がここを巣立っていった。

現在は、毎日休まず通学している中学2年生のMちゃんも、小学3年生の後半から小学4年生の終わりまで週1回ここに通い、不登校を乗り越えた1人だ。通所の日は弁当と仕事用のエプロン持参で、朝から夕方まで犬や猫の世話をして過ごした。

「ここで過ごしている間は学校のことも忘れて、獣医さんの仕事を見せてもらったり、犬のシャンプーをしたり、楽しかったです」

と話す。気づいたときには、「学校に行ける元気が戻っていました」とも。

鳥インフルエンザの発生などで、最近は動物を飼う小学校が減る傾向にあるというが、はたして賢明な対応なのだろうか。

アニマルセラピーの力にもっと注目してもよいのではないかと思う。

## 成功するか？　日本初、刑務所で盲導犬育成

刑務所で盲導犬を育成する。

その刑務所は、２００８年10月に開所予定の島根あさひ社会復帰促進センターだ。そしてだれが育成するのかというと、これがなんと、受刑者が育てるというのである。

この刑務所はＰＦＩ方式といって、法務省と契約した民間企業が施設をつくり、運営も行なう官民混合型の施設だ。刑務所なのにそれっぽくない名称がついているのがＰＦＩ方式の刑務所の特徴で、この島根あさひ社会復帰促進センターの場合は、刑が軽く犯罪傾向が進んでいない男性の受刑者ばかり２０００名を収監するのだとか。

一般的に、刑務所に入ると家具をつくったり、鍋かまをつくったりという作業が課せられる。ここの場合は畑仕事などを取り入れるそうで、盲導犬育成もそうした作業の一環として取り入れられる。

生まれながらのワルも世のなかには少なくないが、犯罪に手をそめるからには、それなりに心に問題を抱えていることが多い。その心の問題を、盲導犬候補の子犬を散歩させたり、しつけたりと世話することで解決に結びつけようというのが、「島根あさひ盲導犬パピープロジェクト」の意図だ。実際、同様のプログラムで先行しているアメリカでは、忍耐力や思いやりの気持ちなどが養われたという報告もある。

この事業には、日本で初めて盲導犬育成協会として国の認可を受けた財団法人日本盲導犬協会が関わる。

現在、国内で活躍中の盲導犬の数は約１０００頭。これに対して盲導犬を必要としていると思われる人の数は約７８００人。盲導犬は、全国に9施設ある盲導犬協会がそれぞれに訓練しているが、人件費やエサ代などすべて含めると、１頭育てるのにおよそ数百万円かかる。

しかも訓練を受けたからといって、最終試験で不合格になればそれまで。かかった分の費用は盲導犬としては生かされないことになる。

２００５年に、視覚障害の男性と盲導犬の「サフィー」がトラックにひかれる事故が起きた。男性は一命を取り留めたが、かわいそうにサフィーは即死だった。盲導犬を所有していた中部盲導犬協会は運送会社とトラックの運転手に対して、損害賠償金540万円を請求して係争中だが、1頭の盲導犬にはそれくらいの価値があるということだ。

盲導犬の育成に対しては、補助金を交付している自治体は少なく、交付していても1頭につき約150万円程度。そのため街頭募金などの寄付金に頼らざるを得ない。盲導犬候補の子犬は通常、ボランティアのパピーウォーカーに育てられる。その役が受刑者に変わるだけなので、訓練費用がこれによって浮くということはない。

しかし、自分が育てた子犬がやがて盲導犬として成長し、視覚障害のある人たちの役に立てば、やりがいを感じられるようになるのではないか、という期待が関係者にはある。

塀の内でかわいらしい子犬がはしゃぎ回る。

詐欺や窃盗でお縄ちょうだいとなった受刑者が、やんちゃな子犬に大わらわする姿は、想像しただけでも頬がゆるむ。はたして現実はどうなるのか？　成果が楽しみだ。

# 若者の自立支援を聴導犬の育成で

「聴導犬」という種類のワーキングドッグがいる。聴覚に障害がある人の日常生活をサポートする犬だ。2002年に制定された身体障害者補助犬法には、盲導犬、介助犬とともに、この聴導犬もふくまれている。

どんなふうにサポートするかというと、目覚まし時計の音、クッキングタイマー、ドアのチャイムなどが鳴ると、ユーザーである聴覚障害の人のもとに走り寄り、前足でトントンとタッチして知らせたりする。この程度のことは序の口で、火災報知機や車のクラクションを聞き分けて知らせる訓練を受けた聴導犬もいる。

なんだ、それだけの仕事かと思われる方もいるかもしれない。が、聴覚に障害がある人にとっては、たったそれだけのことであっても、日々の暮らしやすさが違ってくる。

ところが、現在、全国で活躍中の聴導犬はたった18頭。そのため聴導犬の存在を知らない人がじつに多く、本来なら大腕を振って利用できる百貨店や飲食店、公共交通機関などに聴導犬を連れて行くと、補助犬であることを示す黄色やオレンジ色の特別なコートを着用していても、入店を断られたり、乗車拒否にあうことがしばしばあるという。

そんなわけで聴導犬の育成団体などは、学校や街頭などで聴導犬のデモンストレーションを行ない、PRに懸命だ。

それと同時に、聴導犬の数を増やそうと、育成にも力が注がれている。その一例が、ここでご紹介する「あすなろ学校」だ。

2008年5月、横浜市郊外の住宅街の一角に誕生したこの学校は、日本国内での社会貢献活動を模索していた韓国企業「サムスン」の日本法人である「日本サムスン」とNPO法人「日本補助犬協会」との連携により設立された若者の自立支援施設だ。日本サムスンが全体企画を行なって資金を支援し、日本補助犬協会が聴導犬育成までの現場を引き受ける。

ここでは、「引きこもり」や「ニート」を経験してきた20代の男性2名が、施設のスタッフとともにこの学校で共同生活を営みながら聴導犬を育てている。むろん素人の彼らが、育成訓練に半年以上かかる聴導犬を単独で育てるなんてことはできない。そこで日本補助犬協会の訓練士が、彼らに訓練の手ほどきをする。

聴導犬の訓練は午前9時にスタート。学校といっても建物はペンション風のつくりで、聴導犬の訓練も、彼らがふだんリビングルームとして使っている部屋で行なわれる。というのも聴導犬は盲導犬や介助犬と違い、屋内での仕事がほとんど。したがって訓練も一般住宅と同じ条件で行なったほうがよいのだという。

私が見せてもらった訓練は、音に反応してユーザーに知らせるまでの過程を、聴導犬候補の犬に覚えさせるというもの。訓練士と若者2人が役割分担して、約1時間、集中的に同じパターンをくり返し、聴導犬候補の犬のトレーニングが続いた。

さらに彼らは、手話の講義も受ける。その間、犬はそれぞれの足元で休憩。訓練が行なわれていないときは、2人の若者たちが寝起きに使用している部屋で過ごしている。

若者たちは親元を離れてここで寝起きし、食事も買い物も自分たちで行ない、24時間常駐する若者自立担当者、聴導犬訓練士、臨床心理士、手話教室の講師、トリマーなどといった顔ぶれと交流しながら、社会性を身につけていく。それと同時に、聴導犬を育てあげることで、社会における自分の役割の大きさを実感できる。その期間は6か月間だ。

親元を離れて他人と共同生活できるぐらいだから、ここで過ごしている若者たちは引きこもりやニートを経験してきたといっても、それほど深刻な状態ではない。とはいえ、社会の荒波に負けないで生きていけるだけの力は身につけていない。

そんな彼らが聴導犬の育成を通じて自立できれば、聴導犬の頭数も増えて、実りも大きい。まもなく卒業する第1期生の2人のうちの1人は犬の専門学校へ、もう1人は福祉関係の仕事に就く予定だ。「ここに来れてよかった」と話す彼らの笑顔はじつに清々しい。

ご紹介が遅れたが、あすなろ学校の1期生の若者2人が育てた聴導犬候補の犬は、パピヨンの「響」と、シーズーの「ハーモニー」の2頭。この2頭、じつは元々の飼い主が飼育できなくなって引き取られたのだという。

あすなろ学校では、これからもこのように行き場を失った犬を聴導犬として育成する予定だ。

# 韓国のワーキングドッグ訓練施設

韓国のソウル市内を歩いていると、街のあちこちでペットショップを見かける。

忠武路という地区では、ペットショップがずらりと並ぶ。日本の秋葉原の電気街ほどの規模ではないものの、幹線通りに面して家電ショップやバイクショップなど専門店が軒を並べるソウルの街では、〝ペットショップ通り〟があっても何ら不思議ではないが、この街にはペットショップの屋台まであるのだ。

そこでは、高級ブランド風デザインの犬用Tシャツや首輪などが並び、街行く人が気軽に足を止め、わが子のために財布の紐をゆるめている。

このようなペットグッズ屋台まで出るくらいなのだから、ソウルのペットブームは相当に過熱しているのだろう。

こうしたペットブームの一方で、韓国では、前出のサムスンがワーキングドッグ育成施設「サムスン特殊犬育成訓練センター」をソウル市郊外で運営中だ。1993年に盲導犬の訓練施設としてスタートをきった。この手の施設を民間企業が独自に運営するのは世界初の試みだという。

開設当時、韓国社会では盲導犬を連れた人が電車に乗ると、車内アナウンスで下車を促されたほどワーキングドッグに対する認識が低かったらしい。そんななかで韓国を代表するグローバル企業のサムスンが盲導犬訓練施設を開設したことは、ワーキングドッグの認知度を高めるうえで絶大な効果があったのだろう。

その後、この盲導犬センターは聴導犬、セラピー犬、人命救助犬、探知犬の育成も開始。12万平方メートルの敷地内に診療所と種類別の犬舎が建ち、場内には災害救助犬の訓練用に、がれきの山まで用意されている。

これまでにこの訓練所から巣立った特殊犬は660頭。訓練士も53名いるといい、母体であるサムスンはこの施設の運営にかなり力を入れているようだ。

しかし残念ながら日本には、このように大規模な訓練施設はない。

驚いたことに、サムスンではこの特殊犬育成訓練センターで培ったノウハウをさらに発展させ、飼い主に捨てられた犬の世話やしつけを少年院で過ごす若者たちに任せて、彼らの社会復帰に役立てようというプログラムを韓国でスタートさせた。このプログラムのモデルとなっているアメリカでの成功事例は、なんと「再犯率ゼロパーセント」を誇るという。

サムスンのプログラムでは、これまでに5頭がペット犬として巣立った。そしてうれしいことに、少年たちの心の成長にも大きな効果が見られたという。

じつはサムスンの日本法人「日本サムスン」も社会貢献の一環で、日本国内で同様のプログラムを試みようと企画した。ところが、日本の実情に合わず、これは幻のプログラムで終わってしまったという。

しかし、同社の関係スタッフはニート、引きこもりが日本社会の大きな問題になっている点に着目。若者の自立支援と、捨て犬の保護、聴導犬の育成を目的とする「あすなろ学校」の設立を新たに計画したのだという。

韓国に先駆けて犬ブームがはじまった日本。ワーキングドッグの分野においても、日本のほうが進んでいたというのに、後発の韓国のほうがいまでは一歩先を行く。なぜか？　資金不足など課題は山積みだ。

# 遺体も地雷も何でも嗅ぎ分ける

フィンランドに、湖底に眠っている遺体を見つけるラブラドール・レトリーバーがいるらしい。救助隊が水中カメラやソナーを使っても発見できない遺体を、その犬は鼻をひくひくさせるだけで見つけだす。

これまでに発見した遺体は90体以上。名前はそのものずばり「ソナー」という。シロやクロと同じくらい安易な名前だが、何もソナーの鼻だけが特殊なわけではない。隣の家のシロだってクロだって、訓練を受ければ活躍のチャンスはある。

犬の鼻のなか、つまり鼻腔《びこう》は人間のそれよりずっと広い。奥のほうは中鼻甲介《ちゅうびこうかい》という骨がある。ヒダ状になっているため、表面積も人間とくらべて10〜50倍広い。

ヒダの表面をおおう粘膜上にはニオイの成分をキャッチする嗅細胞があり、その数は人間の25〜60倍といわれる。いまや日本でもっとも飼育数が多いダックスフンドで、約1億2500万個、警察犬として活躍いちじるしいジャーマン・シェパードにいたっては、嗅細胞が約2億2500万個もあるといい、ブラッドハウンドは約3億個ともいわれている。

さらに脳のなかには、ニオイの情報を処理する嗅球とよばれる部分があって、これも人間の4倍サイズだ。嗅覚の鋭さでいうと、人間より100万〜1億倍優れているのだという。そんなわけで、犬は人間がまき散らしているフケや垢《あか》のような皮膚のカスで個体識別までできてしまうのだ。

新潟県の忠犬タマ公が2度も主人を雪のなかから救い出せたのも、この優れた嗅覚のなせるワザ。アメリカでは、夫に殺された妻の遺体を、コンクリートの壁のなかから見つけ出した優秀な警察犬もいる。

犬は麻薬捜査でも活躍している。これも海外のエピソードだが、プラスチック容器に入れ、クルマのガソリンタンクに隠されていた麻薬を見つけた麻薬探知犬がいる。

成田空港でも、2006年に木製のハンガーのなかをくりぬいて隠してあった大麻が発見されたケースがあるし、横浜税関の麻薬探知犬ロバート号は2007年に、大麻を練りこんだクッキーを発見している。人間の鼻はごまかせても、水中の遺体まで嗅ぎ分けてしまう犬の鼻はごまかせないのである。

たしかカンボジアのシェムリアップ近郊だったと思うが、地雷撤去作業の訓練センターで地雷探知犬を見たことがあった。

カンボジア北西部は、1970年代から20年間つづいた内戦中にものすごい数の地雷が埋められた。しかもどこに埋められているかわからない。放牧中の牛が地雷を踏んで吹き飛ばされたり、畑仕事中や子どもが遊んでいて踏んづけてしまったりと、集落のすぐそばで痛ましい事故が続発している。

最近はどうかわからないが、10年くらい前にはプノンペン市内の市場に行くと、片足を失い松葉杖をついて歩く人が異常に多かった。

地雷問題はカンボジアにかぎらず、アフガニスタンや旧ユーゴスラビア、モザンビークなど紛争地域が共通して抱えている大きな問題で、すべてを撤去するには1000年はかかるといわれているほどだ。

カンボジアには比較的早くから、イギリスをはじめ各国から専門家がボランティアで入り撤去作業を進めてきたが、犬の嗅覚の鋭さを地雷発見に利用しようと、ローカル犬、つまり地犬を訓練した。

ペタン

カンボジアにはスウェーデンから提供された地雷探知犬もいるそうで、私が見学したのは10年も前だから、いまは事情が変わり、ローカル地雷探知犬ではないかもしれない。精度については、探知犬のほうが金属探知器より高いという。

地雷探知犬は火薬のニオイに反応し、地雷が埋まっている場所を見つけると、ぺたっと座り、ここ掘れわんわんと教えてくれる。そこに撤去作業員が行き、まずはチョコレートなどのごほうびを与え、犬を退去させて地雷をドカンと爆発させる準備をする。

そして、ドカンと一発吹き飛んだら、またクンクンやって、ここ掘れわんわん。これのくり返しで1個、また1個と撤去していく。息の長い話だ。

地雷が埋まっている地雷原は、当然のことながら農地にはできない。世界的な食料不足が広がろうとしているというのに、もったいないことだ。

いっそのこと各国の動物管理センターに収容されている犬たちを、刑務所で受刑者が訓練して地雷探知犬を育成し、世界中の地雷原に派遣するというのはどうだろう。そうすれば犬たちの命も助けられるし、地雷原の撤去作業もスピードアップできて、農地もよみがえるのだが……。

# 生ハムみ〜つけた！　検疫探知犬活躍中

検疫探知犬という犬がいる。2005年12月から成田空港で2頭のビーグル「キャンディー」（メス、5歳）と「クレオ」（メス、4歳）が活躍中だ。

検疫探知犬は肉やソーセージ、卵などの畜産物を嗅ぎ分ける。1975年にカナダで初めて導入され、その後、アメリカやオーストラリア、韓国、台湾など各国に広がった。

日本では家畜伝染予防法で、ハムやソーセージなどの畜産物の海外からの持ちこみは、出国先の検査証明書が必要とされている。

鳥インフルエンザやBSEなどの発生地域からの畜産物持ちこみが禁じられているので、ほとんど持ち帰りできない状況だが、法律にうとい人だっている。知っていても、自分1人くらいは大丈夫だろうと、こっそり持ちこもうとする人だっているかもしれない。

そこで2005年12月に農林水産省が、感染症の国内侵入を水際でくい止めるために、検疫探知犬の導入にふみきった。外国には果物のニオイを嗅ぎ分ける植物検疫の犬もいるそうだが、日本では目下のところ動物検疫の専門犬のみ。

スペインで買ったイベリコ豚のハムをトランクのなかに忍ばせておいても、荷物が出てくるターンテーブルの周辺で鼻をヒクヒクさせている検疫探知犬のセンサーに引っかかったらそれまで。彼らは獲物を見つけたときの猟犬のごとく得意げな顔でスーッと荷物に近寄って、ペタリとその場に座りこむ。荷物に向かって吠え立てるような手荒なまねはしない。お行儀よくお仕事をする。これが麻薬探知犬との大きな違いだ。検疫探知犬は、数日前にカバンに入れた肉、サンドイッチのハム、さらには真空パック畜肉製品も嗅ぎ分けるといい、成田空港では導入後の半年間で892件、1625キロ分を発見、焼却処分された。

2008年2月には、関西国際空港にもお目見えした。

こちらもビーグルで、名前は「ルーイ」と「ベン」。その後アメリカから来たビーグルの「ペニー」（メス、2歳）と「スポーティ」（オス、2歳）に交代したが、こちらも成果を上げているという。

ビーグルは15〜16世紀にイギリスでウサギ狩りに使われ、古代から似たタイプの犬が存在していたという。

スヌーピーのモデルは、このビーグルだ。

非常に賢く、人なつこくて愛嬌があり、ついでに鼻も利いて食いしん坊。食べものに対する執着心が強いというのも検疫探知犬に採用された理由のひとつらしいが、いちばんの理由は嗅覚の鋭さだ。ジャーマン・シェパードと同様に2億5000万個の嗅細胞をもつ。

検疫探知犬は〝獲物〟を発見するとごほうびをもらえるが、もちろんこれは見つけ出したソーセージではなく、ドッグフードだ。

途中で交代となったが、関西国際空港に当初配属されたルーイ、ベン、そして成田空港の2頭はいずれもオーストラリアから来た。なぜオーストラリアかというと、この国は動物でも植物でも固有種が多く、外来種からそれらを守るため検疫が非常にきびしく、検疫探知犬のトレーニング先進国なのだ。

オーストラリア検疫検査局の日本語版ホームページにはビーグルの写真が掲載され、

こんなことわり書きまででている。

「オーストラリア到着の際に、荷物コンベアのある所で、検疫用のビーグルに出くわすことがあるかもしれません。この犬は集客荷物の中に検疫の対象となる物がないかどうか、匂いをかいで調べているだけですので、心配する必要はありません。近くに寄ってきましたら、荷物を床に置いて、犬に検査をさせてください」

犬がこわくて荷物だけおいて逃げだしたら、あの日本人はあやしいと疑われてしまうだろうか。ことわり書きの最後にはこうも書かれている。

「時に犬は、残っている匂い、特に1〜2日前に荷物に入っていた肉類や果物の匂いを探知する場合があります。検疫官はおそらく、検疫の対象となる物がないことを確認するために荷物を調べさせてほしいと依頼するでしょうが、事情をご説明いただければ、まったく問題ありません」

本当に問題がないのだろうか。英語で事情を説明できなかったときは、あらぬ疑いをかけられている屈辱に耐え、お犬さまに荷物を差しだすのが賢明かもしれない。

# 第５章

# わんこにまつわる雑学エピソード

# 犬養さんのご先祖は犬を飼う人だった⁉

長野県の松本市内に浅間温泉という名湯がある。１３００年前に開湯した歴史ある温泉で、ＪＲ松本駅からクルマで15分という好立地にあり、松本市内からバスで気軽に行けるのも魅力のひとつだ。

この温泉はもともと「犬飼の御湯」といった。浅間温泉旅館協同組合のホームページなどによると、現在の浅間温泉の周辺地域は「辛犬郷」と呼ばれ、辛犬甘《からのいぬかい》という有力氏族が治めていたという。

この氏族は後に犬甘（犬飼《いぬかい》）と名乗るようになり、浅間温泉もその名をとって「犬飼の御湯」と呼ばれていた。

犬吠埼、犬山市、犬ヶ岳……、全国には「犬」が付く地名がじつにたくさんある。犬飼もそのひとつで、長野県、愛知県、京都府、大阪府、奈良県、兵庫県、大分県など各地の地図にこの名称が記載されている。

地名だけではない。犬飼、あるいは犬養という名字もある。1932年の五・一五事件で暗殺された首相は犬養毅。ちなみに評論家の犬養道子氏は孫にあたる。

犬飼あるいは犬養姓をもつ人たちのご先祖は、「犬養（犬飼）部」という官職についていた。大和朝廷の時代だ。

彼らの仕事は犬を飼うこと。なにゆえ犬を飼うかというと、穀物倉庫をネズミや泥棒の害から守るために番犬が必要だったからだ。

犬養部の犬は狩猟に使われていたという説もあるが、守衛説のほうが有力だという説もあり、どちらが正しいのかは定かではない。

いずれにしても、収穫した穀物を守るということは、当時の権力者にとっては政治生命にかかわる重大事。犬は欠かせない存在だった。

しかしネズミの害を防ぐということなら、なぜ猫を使わなかったのだろうか。

それは、猫が大陸から渡ってきた時期と関係する。猫は奈良時代に中国から渡来したといわれている。奈良時代は710〜784年。つまり犬養部の登場より後だ。猫は〝輸入〟されたばかりのころは特権階級の愛玩動物で、ネズミ番をさせるほど数もいなかったらしい。

さて番犬として活躍していた犬養部の犬たちだが、犬養部そのものがすたれたことで自然消滅していく。

だが、平安時代（8世紀末～12世紀末）後期の「鳥獣戯画」（国宝）には犬たちが戯れる様子が描かれ、鎌倉時代初期の「北野天神縁起絵巻」にも屋敷の廊下を悠々と歩く犬の姿が描かれるなどしている。こうした絵から、犬たちが相変わらず人間の生活の身近な存在だったことがうかがわれる。

とはいえ鎌倉時代になると、犬たちは「犬追物《いぬおうもの》」と呼ばれた武芸の標的にされてしまう。要するに〝矢犬〟である。

犬たちが温泉で飼い主とくつろげる時代を迎えるまで、その後８００年もかかった。

# 世界でただ1頭　超珍種、あおもり犬

日本各地には「地犬」と呼ばれる、その土地固有の日本犬がいた。

甲斐犬や紀州犬などのように、地元の人たちなどの努力で絶滅をまぬがれた地犬もいるが、第二次世界大戦中の供出や食糧難で消えてしまったり、洋犬と混じったりして消えた地犬がたくさんいた。

かつて青森県にいた「津軽犬」もおそらくそうやって消えてしまったのだろう。

しかし2006年、青森県に地犬が蘇《よみがえ》った！　ただし、その犬は高さ8・5メートル、横幅6・7メートル、奥行き9メートルとおそろしくでかい。

犬の名前は「あおもり犬」。青森県立美術館の住人だ。

この美術館は青森市内にある三内丸山遺跡の隣に2006年7月にオープンした。

ちなみに三内丸山遺跡に縄文人がたくさん住んでいたころ、彼らは狩猟のお伴の犬のことを「ｉ《イ》ｎａ《ナ》」と発音していたという。

さて、青森県立美術館では、「県民に開かれた美術館」「県民が参加できる美術館」をモットーに、棟方志功など青森県にゆかりのある作家の作品を数多く収蔵している。『ウルトラマン』や『ウルトラセブン』のヒーローや怪獣を生み出した成田亨も青森県出身だそうで、「ウルトラセブン頭部」や「ウルトラ警備隊隊員コスチューム」、「ヒドラ」などといった懐かしのキャラクターの原画も、ここに行けば見ることができる。

しかし、ここでのいちばんの注目株はやはり、「あおもり犬」だろう。これは、奈良美智の作品だ。

美智と書いて「よしとも」と読む。地元の高校を卒業してから愛知県立芸術大学、大学院へと進み、留学先のドイツを拠点に活動してきた日本を代表するポップアートの作家だ。にらみつけるような目をした女の子をモチーフにした作品をたくさん発表してきた、と書けば、ああ、あの絵！　と思い出していただけるかと思う。

その奈良美智の作品を、青森県立美術館では多数収蔵している。で、そのうちのひとつが「あおもり犬」なのだ。

奈良美智作「あおもり犬」(写真提供：青森県立美術館)

「あおもり犬」を収蔵している青森県立美術館
(写真提供：青森県立美術館)

「あおもり犬」はビーグルのように垂れ耳で、色は白。目を閉じて、うつむきかげんに立っている。これが、叱られてうなだれたときの犬を彷彿《ほうふつ》させ、なんとも愛らしい。だが、屋外飼育だから年じゅう風雨にさらされている。そのため汚れも目立ちやすく、ときどきビル清掃の業者の人がやってきて、ごしごし洗ってもらうという。

奈良美智の作品は、韓国のサムスン美術館リウムやニューヨーク近代美術館など名だたる美術館に収蔵されている。したがってこの「あおもり犬」も、ネット通販で買える置き物の御影石製の犬や大理石製の犬などとは別格だ。

もし青森県立美術館に立ち寄ることがあって、この犬を見る機会があったら、そのときは、「なぁんだ、犬の大仏ね」などとはけっして思わず、世界的なアーティストのすばらしい作品なのだ、とありがたく鑑賞してほしい。

ところで奈良美智には犬をモチーフにした作品も多く、『ともだちがほしかったこいぬ』（マガジンハウス刊）という絵本もだしている。興味がある方はぜひ、そちらも。

# ナンバー１は赤犬　日本でも犬食が⁉

ベトナム北部に、犬肉を売って潤っている村があるという。この村で１日に売買される犬肉の量は１〜２トン。各地から販売業者が犬肉を買い付けに来て、おかげで村には「犬御殿」もたっているという。ハノイの市場では、犬肉を売る店もあるらしい。

犬を食う習慣は古代からあった。日本では弥生時代に半島から渡来した人々が、犬食文化をもちこんだ。縄文期にも犬を食べる人々がいたという説もあるが、狩猟採集生活や遊牧の民にとって、犬はくらしのパートナー。食べものではなかった。だから、ヨーロッパ大陸やモンゴルなどの遊牧民の間では、犬食文化は広がらなかった。

犬を食べるのは農耕民の特徴だそうで、なるほど中国も韓国もベトナムも農耕である。食文化の専門書にはインドネシアにも犬食の風習がある、と書かれていた。

中国語では犬肉のことを「狗肉《くにく》」と書く。しかし広東では「香肉」「三六香肉」「三六」などというのだそうだ。１９８７年に国書刊行会から出版された『グルメ中国語』（遠藤紹徳著）によれば、広東語では九と狗が同じ発音なので、九を三と六に分けて「三六」と呼んでいるという。狗では露骨すぎるから隠語で、という苦肉の策だ。

この本によると、広東では毛の色によっておいしさのランク付けがあって、いちばんおいしいのが赤犬、2番目が黒犬、3番目がまだら模様、そしていちばんおいしくないのが白犬なのだそうだ。

ちょうどこの『グルメ中国語』が出版されたころ、中国の北部のある地方を仕事で訪れた俳優がいた。仮にSさんとしておこう。Sさんら取材チームを乗せたクルマは延々と砂漠を走り、目ざす村にたどり着いたのは夜。すぐにご接待となった。

「今夜はとびきりおいしい肉料理をごちそうしましょう」と村の長《おさ》。

「ほぉ～、肉ですか。いいですねぇ」

「この肉は精がつきます。周の時代には、王室料理の珍味でした」

ここまで聞いて、Sさんは道すがら見た犬牧場のことを思い出した。

「あのぉ～、肉というのは犬肉のことでしょうか？」

「そうですよ。どうぞ、今夜はたくさん召しあがってください」

Ｓさんは大の犬好き。まさか、その肉を自分が食べることになろうとは……。だが、仕事先での接待。断れば失礼にあたる。泣く泣く犬肉を食べたＳさんに味を聞いてみたが、味わうどころか、飲みこむのがやっとだったとつぶやいた。

ところかわって、韓国では野菜と一緒に煮こんだ「補身湯《ポシンタン》」というスープがポピュラーだ。１９８８年のソウルオリンピックの前に、犬食の風習がイメージダウンにつながるというので、飲食店での販売が禁じられた。しかし実際には５００店以上が扱っているそうで、犬食文化は堂々とつづいてきた。

もちろん、韓国の人が皆、食べるわけではない。米国生活が長かったソウル在住の30歳の女性に聞いてみると、顔をしかめて「私は食べたことがないし、これからも食べるつもりはない」と言いきった。

犬食というのは、日本人が馬肉や鯨肉を食べるのと同じ感覚かもしれない。

ところが日本国内にも、狗肉を食する人がいたようだ。

数年前のこと。沖縄県の八重山諸島のある島から戻ってきた仕事仲間から、意外な話を聞かされた。取材先で知りあったおばあの家を訪ねると、庭先でゴールデン・レトリーバーが元気よく遊んでいた。おばあがかわいがっている愛犬だ。ところが日をおいて帰京前に再訪したところ、犬の姿が見当たらない。

「今日はワンちゃんは留守なんですね」

何げなく口にした友人に、おばあの息子が真顔でこう答えたという。

「おふくろが寝こんだから食べさせたのさあ。犬は体にいいからねえ」

冗談だろうと聞き返したが、そうではなかった。その島にはかつて犬食の風習があり、高齢者は犬を食べることに抵抗がないのだ、と息子は言った。

さて、それから2〜3年たった2006年。八重山諸島のある島で、飼い犬が食肉用に盗まれる事件が起こった。飼い主が探しだして犬は無事に救出されたが、〝犬食の人〟に犬を販売した49歳の男が、窃盗容疑で地元の警察に逮捕された。新聞記事になったので、ご存知の方もいるかもしれない。

逮捕された男から犬を食肉用として購入した〝犬食の人〟の素性は明らかにされなかった。が、盗まれた犬は、ゴールデン・レトリーバー。そして事件が起きたのは、件《くだん》のおばあが住む島だった。

# クローンではなく冷凍ドッグ

アメリカではいま、クローン牛の研究が盛んに進められているという。乳がよく出る、体が大きいなど食糧として効率のよい牛を、クローンという形で残していこうというのである。

2008年1月、米国食品医薬品局（FDA）は、クローン牛は食品として安全であると発表した。日本では、1998年7月に石川県畜産総合センターが世界で初めて、成長した牛の体細胞からクローン牛を誕生させている。政府は、安全性が確認できれば日本国内でもクローン牛を認める方針だとか。

それはさておき、アメリカでは一時期、クローンペットのビジネスも登場した。愛犬のクローン化を思い立った大富豪が設立した会社だった。しかし設立から数年で廃業に追い込まれた。原因は業績不振。自然の摂理に反することを、愛犬家や愛猫家は望まなかったということだろう。

90年代にクローン技術が登場し、すっかり影をひそめてしまったが、アメリカでは冷凍ドッグの研究が進められていた時期があった。1988年のニュースだ。

本来の目的は冷凍人間の死後再生。死ぬ前に冷凍して、時機をみて生き返らせるというもので、研究段階でビーグルを使った実験が行なわれていた。その方法はかなりホラーだ。

実験に選ばれた犬は、生後8か月のメスの「ミスティ」。お腹を空かせた状態で麻酔を打って眠らせ、人工呼吸器をセット。ここまでは、一般的な手術のシーンと変わらない。

次に喉と足のつけ根に人工血管がつながれる。そしてミスティを入れたカゴに氷が詰め込まれ、体温を20度まで下げ、心臓を停止。ここで全身の血液を抜き取り、人工の代替血液が注入される。数分で体温はさらに下がって10度になり、脳波も停止する。つまり「死んだ」状態である。

死後再生が目的だから、これで終わりというわけではない。今度は逆の手順で代替血液を、抜き取っておいたミスティの血液に入れ替え、心臓に電気ショックを与える。

高圧電流が流されたショックで、死んでから78分後にミスティの心臓は再び動きだした。心臓が動けば、血管中の血液も流れはじめる。血液は全身をめぐり、脳も活動を開始。その2時間後には人工呼吸装置も外され、ミスティは目を覚ましたという。

じつはミスティの実験前にも、ビーグルで同様の実験が行なわれていた。

その犬も無事に生還し、ピンピンしていたらしい。2頭は仲よく遊んでいたというが、さて、その後はどうなったのか。報じられた様子はない。

冷凍再生ドッグが一般化しなかったのは、クローン技術にかなわなかったということか……。

# 日本版クローン　その内容は？

アメリカでクローンペットのビジネスが失敗した背景には、クローン動物は長生きしないといったケースがあったことも影響したらしい。

しかし、じつは日本国内にもペットのクローンをうたったビジネスがあるのだ。その会社のホームページには、こんなキャッチコピーが掲載されている。

「クローン復活へのロマンを求めて」

さらにこんな説明も。

「ファミリーの一員である最愛のパートナーを失ったとき、フレンドセル研究所は生命保存に協力します」

こんなコピーを見たら、クローンペットの再生事業かと思うのがふつうだろう。だがそうではない。

ペットが死んだ直後に、組織の採取箇所周辺の毛を10センチ四方刈り、皮膚の細胞を5ミリ四方切りとって、それを専用容器に保存してこの会社に送る。あるいは生きているうちに、動物病院で組織を採取してもらい、専用の保存容器に入れて送る。

どちらも難しければ、死体をそのまま送る。その際は、発泡スチロールの箱に氷を詰めて冷蔵で送ると、細胞培養に必要な部分だけ切りとって、亡骸は送り返してくれる。冷凍で送ると、細胞がダメになるのでくれぐれも気をつけたい。

また、細胞が生きているうちでなければ意味がないので、できるだけすみやかに送ることが肝心。腐敗しやすい夏場だと24〜48時間がタイムリミットだ。

その後は、研究所で細胞を培養し、専用の容器に入れて液体窒素で凍結保存する。細胞は培養開始後5日目くらいから培地の底に生えはじめ、その様子は細いメロンの種のようだという。最初は2〜3個。それが培養開始から7〜10日で培地の底は細胞でびっしり埋め尽くされ、細胞の数は億単位にまで増えるという。

容器のなかで細胞が半永久的に生きつづけるので、愛するペットは完全に死んだのではない、というわけだ。

細胞があるということは、将来的にクローンで再生させることも可能ですよ、ということで、よって「クローン復活へのロマンを求めて」というキャッチコピーとなったとか。

むろん、日本ではクローン技術でペットの再生は行なわれていない。しかしお隣の韓国では、実用化されている。

2008年8月にアメリカ人女性の依頼でピットブル5頭が誕生したばかり。2006年にガンで愛犬を亡くし、その細胞を凍結保存してこのたびの〝復活〟となった。価格は本来なら1頭につき日本円にして約1620万円。しかし今回はクローン再生を請け負った企業の第1号の依頼だったということで、約540万円で引き受けたという。500万円は高い！　と思いきや、フレンドセル研究所によると、クローン犬を復活させるにはそのくらいかかるそうで、540万円というのは妥当な額なのだとか。

しかし細胞が生きているだけでもペットを失った人には希望となるようで、フレンドセル研究所にはこの5年間で50件ほど細胞培養凍結保存の依頼があった。

「培養して増えた細胞を撮影し、その写真をメールで依頼者の飼い主さんにお送りすると、ものすごく喜ばれます。ペットロスを防ぐ一助になっているのではないかと思います」

と、フレンドセル研究所の鈴木所長。

お値段は細胞培養＋凍結保存料で7万5000円だ。

ちなみにこの企業、けっしてあやしい会社じゃない。山口大学のベンチャー企業で、先の鈴木所長をはじめ、スタッフも皆、大学関係者だ。

# 凍結保存精子で人工授精

クローン動物に対しては、倫理的な問題がまだ解決していないのが現状だ。自然の摂理に反してコピーを誕生させることに対して、多くの人が不安や嫌悪感を抱いているのではないだろうか。

しかし、ある程度の年数がたち安全性が確かめられると、人は新しい技術を受け入れていく。その典型が人工授精だろう。

最近は盲導犬の人工授精の研究が文部科学省のプロジェクトとして進められている。研究を行なっているのは、北海道帯広市にある帯広畜産大学とこの本の老犬ホームの項でご紹介した北海道盲導犬協会だ。

現在、国内で活躍中の盲導犬は約1000頭。これに対して盲導犬を必要としている人はこの8倍近くいる。

盲導犬と暮らすようになってから、どこにでも出かけられるようになり、人生が変わった！　とユーザーの人たちは口をそろえる。だから、必要な人にはぜひユーザーになってほしいというのが関係者の共通の願いだ。

ところが肝心の犬が足りないのである。

盲導犬は、盲導犬候補の犬が訓練後に適性試験を受け、合格した犬だけが盲導犬として認定を受ける。その確率は、訓練を受けた犬の3割程度。性格がおだやかで人によくなつき、落ち着きがあって状況判断能力が高くなければ盲導犬になるのは難しい。

この合格率の低さの打開策としてまず最初に考えだされたのが、優秀な盲導犬の親である繁殖犬を海外から連れてくることだった。だが、犬を1頭連れてくるには煩雑な検疫手続きや輸送コストの問題などもあり、並大抵のことではない。

そこで次に、韓国のオスの繁殖犬の精子を冷蔵保存して日本に運び、人工授精する方法が、岐阜大学、関西盲導犬協会、北海道盲導犬協会の連携で試みられ成功した。2002年のことである。

この方法だと生身の犬を連れてくるよりはるかに簡単だ。しかし、冷蔵精子の寿命は約3日しかない。そのため、実用化ということでは制約がでてくる。結局、冷蔵精子を利用した繁殖はそれ以後進まず、2004年、代わって行なわれたのが凍結精子による人工授精だった。

こんどは岐阜大学に代わり、帯広畜産大学原虫病研究センターが参加。研究チームの鈴木宏志教授によると、犬の精子の凍結保存技術は1957年に開発され、実用的な授精方法は1972年にノルウェーで開発された。キツネの繁殖のために研究開発が進み、犬へと発展したのだという。

しかし、犬のなかでも盲導犬に適しているラブラドール・レトリーバーやゴールデン・レトリーバーのような大型犬の場合、メス犬の膣の長さが30センチ近くもある。そのため、解凍後の寿命がわずか4時間しかないうえ、運動性も弱い凍結精子を子宮の奥に入れて卵子と受精させるのは至難の業だ。1992年に、人間の男性用の膀胱鏡（内視鏡）を利用した人工授精技術がニュージーランドで開発されるまで、大型犬の人工授精はなかなか進まなかった。

内視鏡を使ったこの方法では犬に麻酔をかける必要がなく、膣や子宮の様子をモニターで確認しながら精子を卵子に受精させることができるため、受胎率が格段に高くなる。

この技術が確立したことで、ニュージーランドはもちろん、イギリス、ドイツ、フィンランド、アメリカなど欧米各国で、盲導犬の人工授精が普及するようになった。しかし資金面などから、日本での実用化は2004年まで待たねばならなかった。

このとき妊娠したのは、北海道盲導犬協会所属のラブラドール・レトリーバー「ドレミ」だった。ドレミは2004年5月末に「マリン号」を出産。子犬の父犬は韓国の「オディ号」という。

そして2007年。文部科学省のプロジェクトで培ったノウハウを生かして、今度は日本・韓国・台湾の訓練施設が共同で設立した「アジア・ガイドドッグス・ブリーディング・ネットワーク」によって、英国盲導犬協会から提供された繁殖犬「ヘンリー」の凍結精子を使って行なわれた。

母親は、北海道盲導犬協会が飼育している繁殖犬で、ラブラドール・レトリーバーの「ベッシー」だ。人工授精は成功。ベッシーは同年10月に子犬を4頭生み、そのうちの2頭は神奈川訓練センターに、1頭が名古屋市にある中部盲導犬協会に贈られた。日本でも凍結精子による盲導犬の繁殖技術が確立したといってもいいだろう。

とはいえ現在のところ凍結保存による盲導犬の人工繁殖は、凍結精子でしか行なわれていない。

それはなぜだろうか。鈴木教授はこう話す。

「犬の繁殖生理は他の動物に比べてとても複雑で、その理解が進んでいないことから、人工繁殖技術の開発は遅れているといえます。現在、私たちは受精卵移植の研究を進めているところです。盲導犬の避妊手術は訓練に入る前に行なわれますが、避妊直前に盲導犬候補の犬同士で交配させて、その受精卵が子宮に着床する前に回収し凍結保存します。もし、凍結保存した受精卵の親犬が優秀な盲導犬になれば、保存しておいた冷凍受精卵を融解して、別のメスの繁殖犬の子宮で育てる。こういうことが実現すれば、1代限りだった盲導犬の遺伝子を残すことができます。また、盲導犬の遺伝子をもつ犬が訓練を受けるわけですから、訓練後の認定テストの合格率も現在より高くなるはずです」

アウトドアスポーツが好きで、盲導犬とともにアメリカやカナダにでかけ、キャンプや川下りを楽しんでいる男性がいる。盲導犬と暮らせるようになってから、積極性がでてスキーや登山を楽しんでいる女性もいる。視覚障害のある人にとって、盲導犬はまさに光。鈴木教授らのチームの今後に期待したい。

## 第6章

# わんことともに幸せに生きる知恵

# ダックスフンド　アリちゃんのご長寿ごはん

2007年夏、東京都内のとあるマンションの一室で、1頭のオスのミニチュアダックスフンドが息をひきとった。

「大滝アリ」ちゃん、18歳。人間でいえば88歳。大往生だった。

40代からアリちゃんと暮らしてきた飼い主の大滝勝さんは、いまも日に何度も思い出しては、目頭を熱くしている。

「親ばかです……」と照れ笑いするが、ペットを亡くせば、だれだって在《あ》りし日の姿を思いうかべるものだ。とくに、アリちゃんのように病弱だった子は——。

アリちゃんの名前の由来を尋ねられると、大滝さんは質問した相手の世代やその場の雰囲気に応じて答えてきた。

相手が子どもなら「ありがとうのアリ」「アリンコのアリ」。オジサンなら「アリババのアリ」「モハメド・アリのアリ」「アリバタネンのアリ」。ご近所さんなら「有栖川公園のアリ」。そしてきわめつけは「何でもありのアリちゃん」などと答えていた。じっさい、超人なつこくてお茶目なアリを見ると、「ありがとう」という気持ちがわいてきたし、ツヤツヤと黒光りした毛の色のアリを見ると、精悍なイメージのアリババやモハメド・アリをイメージできた。

短い足でトコトコ歩く姿を見ると、真っ黒いアリもイメージできた。

ダックスフンドはドイツ原産の猟犬だ。「有栖川公園」のすぐそばにはドイツ大使館がある。だから「有栖川公園のアリ」。そんなこんなで、いろいろ由来を語っているうちに、「何でもありのアリちゃん」という具合になった。

だが、大滝家の家族の一員としてすくすく育っていたアリは、3歳のときに腎臓病で倒れた。一時は命も危ぶまれ、入院日数は40日にもおよんだ。

「退院したら、おからを食べさせるといいですよ。血液がサラサラになりますから」

入院先だった峰犬猫病院（神奈川県）の峰院長に「おから食」を勧められた。

おからは豆乳を搾ったときにでる搾りかすだ。

「卯《う》の花」「きらず」などとも呼ばれているが、にんじんやごぼうなどと炒めて、甘辛く味つけした定番の惣菜で、消費される量にはかぎりがある。家畜の飼料などにも利用されているが、それでもなお消費しきれず、廃棄処理をどうするかといったことが以前から問題になってきた。

けれども、おからには食物繊維を筆頭に、タンパク質、カルシウム、鉄分、ビタミンB群もけっこう含まれている。さらに、峰院長の説明にあった血液をサラサラにしてくれる成分の不飽和脂肪酸も含まれている。捨てるには惜しい食材なのだ。

というわけで、大滝さんの奥さんは、アリちゃんが退院するとさっそく、手づくりのおからごはんをつくりはじめた。そのレシピはこうだ。


〈用意する材料〉

おから500グラム、五穀米150〜200グラム、キャベツ1／4個、にんじん1本、ドッグフード1缶、塩またはだし醬油少々

〈つくり方〉
1　細かくきざんだキャベツとにんじんを、五穀米と一緒に炊飯器で炊く。キャベツ

は芯も加えてOK。塩、またはだし醤油を少々加えてもOK。

2　この段階では、香りもよく人間用の炊き込みごはんとしても食べられる。ごはんが炊きあがったら、大きめのボウルに移して、あら熱をとりながらかき混ぜる。

3　2にドッグフード1缶を加え、よく混ぜる。

4　3のドッグフード入り炊き込みごはんが少し冷めたら、おからを加え、混ぜる。

5　ミニチュアダックスフンドくらいの小型犬で1回分60グラム程度を、ポリ袋（スーパーにおいてある極薄タイプでOK）に入れ、ラップやアルミホイルの芯を使って薄く延ばし、冷凍保存する（そのほうが解凍しやすく、冷蔵庫の場所もとらない）。

6　1日2回。食べるときは、電子レンジで解凍してから与える。

「うちでは1週間に1度つくって、冷凍保存していました。犬が慣れるまでドッグフードの量を多くしてもかまいませんが、このレシピで、ほとんどの犬は喜んで食べるようです。このレシピを実行している知人の家のポッキーも病気知らず。たいへん感謝されました。わが家のアリちゃんも、おからを食べはじめてから病気しなくなりました」

奥さんが目をほそめる脇で、大滝さんも自慢げにこう話す。

「毎回、どっさり黄色いバナナ便で、尿のニオイもなくなったんですよ」

愛情いっぱいの「おから食」を15年間食べ続けて逝ったアリちゃんは、寝たきりにもならず、死ぬ数日前までピンピンしていたという。

だから大滝さんは、突然訪れたその死をなかなか受け入れられないでいる。しかし病に倒れて長患いにならなかったのは、アリちゃんにとっては幸いだったかもしれない。

じつは、アリちゃんのパパの大滝さんは、あの登山家・三浦雄一郎さんと行動をともにして、これまでの偉業をカメラにおさめてきた映像カメラマンだ。１９７０年に三浦さんがエベレスト・サウスコル８０００メートル、世界最高地点からスキー滑降したときに収めた映像『THE MAN WHO SKIED DOWN EVEREST』は、アカデミー賞（長編記録映画部門）を受賞している。むろん、２００８年5月26日に登頂を果たした三浦さんの75歳のヒマラヤ登山にも同行した。

## おからごはんのつくり方

その三浦さんも犬好き。東京都渋谷区にある三浦さんの事務所「ミウラ・ドルフィンズ」には、三浦さんの長女の恵美里さんが登頂成功を祈って飼いはじめた「ランマ」ちゃんというチベタン・スパニエルがいる。

この犬種はチベットの寺院で飼育されていた。「猫みたいな子なんですよ」と恵美里さん。それこそがこの犬種の特徴で、静かでマイペースが持ち味だ。そしてランマちゃんは〝社犬〟として、ほかのスタッフらと三浦さんの登頂成功の第一報を待っていた。

三浦さんと大滝さん。日本が誇る偉大な冒険者と、その偉業を記録し続けてきた映像のプロ。

最高にガッツな男たちの裏にもわんこの存在あり。犬の力は偉大だ。

# 天然です　体毛のないハダカ犬

ハダカ犬というのをご存知だろうか。服を着ていない犬のことではない。体毛がないのだ。ハゲ犬といったほうが正確だろう。なんでハゲかというと、病気で毛が抜け落ちたわけではなく、生まれつきだ。犬種でいうと「メキシカン・ヘアレス・ドッグ」「チャイニーズ・クレステッド・ドッグ」「ペルーヴィアン・ヘアレス・ドッグ」がこれに該当する。ものの本には突然変異で無毛になったと書かれている。

中国では食用に、メキシコでは神に捧げるいけにえ用に、そしてペルーでは、「インカ・オーキッド・ムーンフラワー・ドッグ」という麗しい名称で聖獣として崇《あが》められたという。いずれも性格は温厚。体高30〜50センチ程度の中型犬だ。

2007年に進出先の東京から、ふるさとの北海道中標津町《なかしべつ》に戻った「ムツゴロウ動物王国」。ここにも早くから「メキシカン・ヘアレス・ドッグ」がいた。

初代はオスとメス。その名も「アダム」と「イブ」といった。赤みがかった褐色の皮膚に、ところどころピンク色の皮膚が混ざっている。そして頭部にわずかな毛。体温は40度前後。犬の体温は37・5〜39度だから、毛がない分だけ体温も高めなのだろう。ふれるとモワ〜ッと生ぬるい。

ついでながら、犬の体温は、体温計をお尻の穴にそろ〜っと3〜5センチくらい差しこんではかる。ワセリンを塗っておくとすべりがよくなって、するっと挿入できるらしい。しかしハダカ犬の世話をしていたKさんは、不必要に犬たちに負担をかけるようなことはせず、実体験でどれほど温かいかを教えてくれた。

「冬は布団に入れて寝ると湯たんぽがわりになっていいんですよー」と。

犬の毛にアレルギーがある人でも、この犬なら安心というわけで、アダムとイブの子孫をゆずり受け、飼育している家庭もあった。

さて、ムツゴロウ動物王国がある中標津は、オホーツク海までクルマで30分の距離。夏場は内陸性気候でほどよく暖かいが、真冬はマイナス20度ちかくまで気温が下がる。外で飼われている犬たちの飲み水はガチンガチンに凍り、足元も凍結してツルツル。

厳寒は、ハダカ犬たちにとっては死活問題だ。

そこで冬場は、スタッフが着古したトレーナーやセーターを着せられることになった。毛のある犬が着れば暑苦しそうに見えるセーター姿も、ハダカ犬が袖を通すと妙に自然だ。そして最初の数年間は、このお下がりが彼らの必須アイテムとなった。

ところが、ある冬のこと。ハダカ犬の1頭が、真っ白いハイネックセーターを着て、玄関口に現れた。ボディが黒っぽいから白いセーターがよく似合う。しかも、サイズもぴったりフィット。どうやらオーダーメイドらしい。それにしても、外を駆けまわる犬に白いセーターとは、ずいぶん洒落《しゃれ》こんだものだ。

「これ、サモエドの抜け毛をためて、洗ったものを紡いで編んだセーターなんです」

サモエドはロシア原産の犬。一説では、日本スピッツのご先祖ともいわれている。雪のように白くてふわふわした毛が特徴だ。南極を征したイギリスの探検家、スコット大佐が北極探検のときに連れ帰ったのがきっかけで、世に知れ渡ることになった。しかし、そのサモエドの毛で編んだセーターだなんて聞いたことがない。

「北欧のうんと北のほうでは犬の毛のセーターは一般的だそうですよ。『ゆかいクラブ』の会員の方がつくってくださったんです」

ふわっと軽い手触りは羊毛とそれほど変わらない。考えてみれば、ラクダやアルパカの毛布やセーターがあるのだから、犬のセーターがあっても不思議ではないのだ。王国ではこの後、何枚もの犬の毛セーターをつくり、東京都あきる野市で運営していたときにはショップで販売もしていた。おそらく王国の犬の毛セーターに触発されたのだろう。最近では、ブログなどで手づくり犬の毛セーターのつくり方まで紹介されている。

思えば、現在の犬ブームも王国が火付け役だったような気がする。テレビ番組で王国で飼いはじめた珍しい犬種が紹介されると、1年後には駒沢公園や砧《きぬた》公園に登場していた。ちなみにハダカ犬はというと、これだけはちっとも流行りませんでした。

ムツゴロウ動物王国の最新情報は次のアドレスに。
http://www.mutsugoro-animal-kingdom.com/
サモエドの生活ぶりは、ムツゴロウ動物王国のスタッフ、石川利昭さんのホームページへアクセスを。
http://www.yac-net.co.jp/ubu/

くしゃん
ぶるっ
ほこ
ほこ

# ペチャ鼻の犬が飛行機に乗せてもらえない理由

2007年から日本航空がフレンチ・ブルドッグとブルドッグの輸送受付を中止した。

一方、全日空は夏場にかぎりブルドッグ、フレンチ・ブルドッグ、ボクサー、シーズー、ボストン・テリア、ブル・テリア、キングチャールズ・スパニエル、チベタン・スパニエル、ブリュッセル・グリフォン、チャウチャウ、パグ、チン、ペキニーズの輸送受付を中止している。

理由は、ペチャ鼻の犬は呼吸器系が弱く、犬を収めたケージを貨物室に出し入れする際に、貨物室内の温度と外気温の差による急激な温度変化で体調を崩しやすいからだ。

貨物室は温度調節されているので、飛行中の室温には問題がない。気圧も客室内と同じ0・8気圧。ところが夏場は、荷物の運搬作業で貨物室のドアが開けられた途端、外気がどっと入りこみ、貨物室は蒸し風呂のように暑くなるのだという。そんな過酷な状況が出発前と到着後に数分間続く。

ほんの数分間とはいえ、出発直前まで空調のきいた空港カウンターに預けられていたのにいきなり滑走路の反射熱でムンムンしている外に出され、到着後、再び熱風にさらされる。貨物の搭載作業を行なっている人間でさえぐったりしてしまうほどなのだから、呼吸器系の弱い犬や高齢犬などには相当なダメージになる。

ＪＡＬ機の貨物搭載を行なっているグループ会社の「ＪＡＬ　ＣＡＲＧＯ」のホームページでは、「夏季においては、なるべく昼間帯を避け、朝・夕の涼しい時間帯での輸送をお勧めいたします」とまで書いてある。

こんなふうに航空会社がいくら安全輸送に努めても、犬は生身のいきもの。飼い主が大丈夫だろうと思っていても、犬のほうはストレスでげっそりということもあるから、飛行機を利用する前はとくに体調をよく見てあげたほうがいいだろう。

ところで、航空会社に輸送を断られてしまった鼻ペチャの〝短頭種犬〟は、鼻が潰れている分だけ鼻腔の面積が狭い。

鼻には、呼吸の際の空気と二酸化炭素の出入口という機能のほかに、温度調節の役割もある。鼻腔の面積が狭ければ鼻から吸いこんだ空気の温度調節ができないうちに、肺のなかに外気温と変わらない温度の空気が到達してしまい、呼吸器系がダメージを受けるというのである。

ということは、冬季間の飛行機の輸送時に、犬にとっては貨物室の空気が冷たすぎるということもあるのではないだろうか。気になったので、航空会社のなかに冬季間の輸送を断っているところがないか調べてみたら、エア・カナダが一部の機体で貨物室の外気温がマイナス2度以下になるとして、冬季間の輸送を中止していた。

それにしても国内航空大手の日本航空と全日空がそろってペット旅行のためにサービスを用意する時代になったのだから、ペットの地位も向上したものだ。

航空機による大型輸送時代の象徴だったジャンボ機が日本の空に登場しておよそ40年。当時は考えられなかったペットとのおでかけが、いまや当たり前になっている。

この調子でいけば、ペット連れで宇宙旅行する日も訪れるにちがいない。

# わんことお出かけバスツアー

景気減速の波が、好況続きだった名古屋にまで及んでいるかどうかはわからない。だが景気のいい地域では、世のなかの動きを先取りしたアイデア商売が生まれやすいとみえて、名古屋でユニークなわんこ商売が登場した。

それが「わんバスツアー」。

愛知県知多市にある旅行社「パーソナルツアーズ」が、2007年秋から愛犬同伴バスツアーをはじめたのだ。会社は知多市にあるが、バスの集合場所はJR金山駅前など名古屋市内。駐車場そばを集合場所とし、参加者は自分のクルマでやってきて、愛犬ともども乗り換える。

日帰りツアーでは「秋の上高地」「りんご狩り（信州）」「ひるがの高原と高山散歩」「神戸　北野散歩」などといった企画を用意。1泊2日のツアーもあり、こちらは

「草津温泉宿泊と軽井沢」「ティンカーベル伊豆の旅」など。さらに貸し切りツアーでは「鳥羽わんわんパラダイス」「伊豆わんわんパラダイス」など犬連れで宿泊できる施設を利用したモデルコースが用意されている。

いまのところはまだ月に1〜2回程度だが、愛犬と一緒に旅行ができるとあって大阪からも問い合わせがくるほどだ。

しかし、ここまで軌道に乗せるには、2年の月日がかかった。

パーソナルツアーズの岡本和也社長は、もともとは小さな旅行社の社員だった。営業もやれば添乗もやる。だから客からの信頼もあつい。

あるとき愛知県内のドッグカフェのオーナーから、貸し切りバスツアーの相談を受けることとなった。

「わんちゃんたちも連れて行きたいんです」

犬連れツアーなど過去に経験したことはなかったが、客からの相談とあれば引き受けないわけにはいかない。岡本さんは即座に答えた。

「じゃあ、協力してくれる観光バスを探しますわ」

ところが1社目で断られ、2社目もダメ。愛知県じゅうの観光バス会社を探したが、

「お粗相されたらニオイがついてしまう。絶対にやらん」

と、けんもほろろの応対ばかり。

結局、そのときは断念せざるをえなかった。

しかし、世のなかを見渡せば空前の犬ブーム。ビジネスチャンス到来と直感した岡本さんは、その後も機会を見つけては観光バス会社の関係者に声をかけていた。

そしてある日ついに、岡本さんの企画に賛同してくれる会社があらわれた。

「犬を乗せられるバスがあるから、1回やってみたら」

かくして2006年10月7日、岡本さんは、犬と飼い主を乗せて「鳥羽わんわんパラダイス」への日帰りツアーを成功させたのである。30分〜1時間間隔でバスを止めてトイレタイムをもうけ、懸案だったトイレの問題をクリア。客席にもシートをかぶせ、念には念をいれた。

ところが、後日バス会社からクレームがついた。犬の毛がシートに残っていたのだ。

「犬の毛にアレルギーがあるお客さんが乗ったら迷惑をかけてしまう。すまん、今回かぎりにさせてほしい」

意気消沈した岡本さん。そんな矢先、再び貸し切りツアーの相談がもちかけられた。

今度は、すでにツアー参加者の人数まで決まっている。

仕方なく、レンタカー会社からマイクロバスを借りて、長野県飯田のリンゴ狩りツアーを行なった。だが、専用バスが見つかるまで、それから半年も待たなければならなかった。

現在のツアーが本格的にスタートしたのは2008年1月から。犬が座るシートには防水加工をほどこした布をかぶせ、消臭剤やトイレ用バケツも用意。ツアーのたびに客のアンケートをとり、快適なバスの旅ができるよう工夫をこらしてきた。大型犬も小型犬も乗せる。

「犬どうしがケンカするんじゃないかと心配していたんですが、ケンカもしないし、吠えもしない。人間の子どもよりずっと静かです。

お客さまからは、1日じゅうわんちゃんと一緒に過ごせて楽しかったという声が圧倒的に多いですね。そういう声を聞き、お客さまの笑顔を見ると、こちらも楽しい気持ちになれる。苦労したかいがありました」

と、岡本さんは語る。

料金は、1名プラス1頭で1万～1万2000円程度。大型犬などで犬専用のシートを望むばあいは、1頭につき追加料金が6000〜8000円かかる。

「街頭で宣伝のチラシを配ると、行ってみたいけど、うちの子はしつけができていないから無理ねえ、という声をよく聞きます。

私としては、そういう方にこそ、このツアーに参加してほしいと思っているんです。犬のしつけがきちんとできていれば、犬と一緒に出かけられる範囲が広がる。それを実感してもらえますから」

ガソリン価格高騰でドライブの回数を減らした愛犬家も多いはず。

これからは、犬連れバスツアーでラクラク快適旅行。ドッグラン付きツアーもあり、客はリピーターが多いとか。

# 白内障に朗報？　犬専用の眼内レンズ

知人の家に白内障のラブラドール・レトリーバーがいた。7歳くらいで視力を失い、以来、聴覚と嗅覚をたよりに生活していた。

家具にぶつかってケガをしないようにと、アンテナのような細長いプラスチックの棒がたくさん付いた首輪をつけていた。それが10年ほど前のことだ。当時はまだ、いまほど犬の白内障の手術は進んでいなかった。

白内障は、カメラのレンズに相当する水晶体とよばれる部分が濁り、視力が低下する病気だ。進行すると失明する。原因はタンパク質が加齢によって変性を起こし、硬くなるためだ。ミニチュア・プードル、ラサ・アプソ、アメリカン・コッカー・スパニエルなどが遺伝的にかかりやすいといわれている。

似たような症状に核硬化症がある。動物病院には、核硬化症を白内障と勘違いして愛犬を連れてくる人も少なくないという。核硬化症は視力には影響はないというが、素人ではなかなか見分けがつかない。愛犬の目が白濁してきたら、やっぱり念のため病院で診てもらったほうが安心だ。

そしてもし白内障と診断されたら、手術を受けるか、そのまま放置しておくか、二者択一しかない。

犬はもともと視力が弱く、聴覚や嗅覚に助けられて生きている動物だから、失明しても視覚が発達している人間ほど不自由しないといわれている。とはいえ、見えなくなると、やはり行動は制約される。散歩だって以前のようなわけにはいかなくなるだろう。運動不足は足腰の筋力を弱らせるし、肥満の原因にもなる。太りすぎれば、人間同様に糖尿病をはじめとする生活習慣病になる。

糖尿病になると抵抗力が弱くなるので、ちょっとした病気やケガが致命傷になることだって起こり得る。肝臓病や自律神経障害などを併発することもあり、病状が悪化すれば介護が必要となる可能性もある。そんなことになるくらいなら、手術を受けたほうがいいにきまっている。

白内障の手術では、角膜を数ミリ切開し、特殊な器具で水晶体の中身を取り出し、そこに犬専用の眼内レンズを埋めこむ。

犬の白内障用のレンズは各国のメーカーで製造されているが、日本では1997年にコンタクトレンズメーカーの大手、メニコンが開発して販売をはじめた。

商品名は「メニわんレンズ」という。メニコンという社名も「目にコンタクト」の語呂合わせでつけたそうだが、犬用だから「メニわん」。じつに単純明快。

しかし、犬専用眼内レンズのほうはたいへん精密だ。バージョンアップされて最近新登場した『メニわんF・Model　DV13』などは、人用眼内レンズとして使用されている疎水性軟性アクリル材を犬専用眼内レンズとしては世界で初めて採用。しかもわずか3・2ミリの切開創から挿入可能で、犬への負担も少ない。

このレンズを埋めこみ、しばらくの間、点眼薬をさしていれば視力はすっかり回復するらしいが、残念なことに眼科を得意とする獣医師でなければ手術が難しいそうで、いまのところ全国数十か所の動物病院でしか手術を行なっていないとのことだ。

ともあれこの犬専用眼内レンズで、白内障の治療成果は一気に向上した。ペットブームが生んだ、プラス面での商品開発といえるだろう。

ただ、手術を受けると視力は回復するが、術後3～7日は入院し、退院後も週に1

回通院して、自宅でも1日数回、目薬を点眼してあげなければならない。鍵っ子わんこのばあいは、まず家庭事情をクリアしなければならないだろう。そしてもうひとつ。治療費用はまちまちだというが、日本動物高度医療センターのホームページで紹介されている治療費は、手術料、検査料、入院料、麻酔料を含めて1眼あたり50万円程度が目安。いざ払うとなるとけっこうな出費だ。

そんなときのために、ペット保険に加入しておくという手もある。国内には保険会社2社と少額短期保険会社が5社ある。人間の保険と同じように、保険料や補償内容などは会社によってまちまちだ。

たとえば外資系大手のA社は、犬の年齢、種類（血統種、ブルドッグやセント・バーナードなどのブリード種、ミックス種）の二段がまえで料金を設定している。そのうえでかかった費用の50％を補償するプランでは、年払いの保険料が0歳の血統種で4万2840円、ブリード種で5万9400円、ミックス種で3万1260円。

1歳から4歳の保険料はぐんと下がり、それより上の年齢では高くなり、8歳の血統種6万7850円、ブリード種9万4420円、ミックス種4万9260円となる。

この保険にはペット賠償責任危険担保特約がついており、飼い犬が人を噛むなどした場合の賠償金が出る。

犬種別ではなく、生後120日〜3歳、4〜7歳と年齢枠を設けて、小型犬、中型犬、大型犬、特大犬とサイズで分類しているB社の場合を見てみよう。

入院保険金が1日につき8000円のスタンダードプランだと、小型犬の生後120日〜3歳で年間1万7580円、中型犬1万9290円、大型犬2万2280円、特大犬2万3830円。通院保険金や手術保険金、葬儀費用なども付き、至れり尽くせりの感がある。

しかし、C社のように犬・猫の区別も、性別も、品種も問わず、保険料が一律という保険もある。

補償割合50%プランの年間保険料は、通院1日につき1万円（年間20日まで）＋入院1日につき1万円（年間20日まで）＋手術1回10万円（年間2回まで）＝2万8930円。

どれがいちばん得なのか？　これは病気やケガの症状や治療日数などによってかかる費用もちがうから、一概にいいきれない。ここはひとつ、あなたの家のあなたの家族のために、じっくり比較検討してみてはいかがだろう。

# お宅のメス犬がぬいぐるみを抱っこしたら……

犬種によって差はあるが、犬は一度に3〜12頭の子を生む。妊娠期間は50〜70日。オスは一年中交尾できるが、メスは年に1〜2回しか排卵期が訪れず、交尾もこのときしかしない。

交尾のときは、じっと立っているメスにオスが抱きついてドッキングする。このときメスと離れないように、オスのペニスの根もとがふくらむ。2頭はこれで完全に一体となる。そしてオスはこの状態から、片方の後ろ足をあげて向きを変える。

2頭の鼻先は反対方向を向き、尻と尻がくっついた状態になる。この合体状態は5分から長いときで50分ちかくもつづくという。

子どものころ、そんなことは知らず、くっついたままの犬を引きはがそうとしてバケツの水をかけたことがあった。しかしザバッと水を浴びせたにもかかわらず、2頭は離れようとしない。次にホースで水をかけたが、それでも離れない。

メスのほうが痛がっているように見え、オスに向かって怒鳴り声をあげたが、その視線は地面の1か所に注がれたままで、真剣そのもの。入りこむ余地がないとわかり、ジーッと観察していたら、2頭は水難から逃れようと、少しずつ場所を移してホースの水が届かないところまで行ってしまった。

が、そんなに深く長く愛しあっても、メスが100パーセント妊娠するとは限らない。ところが妊娠していなくても、排卵後のメスは妊娠ホルモン(プロゲステロン)が分泌される影響で、妊娠した気分になるという。つまり、想像妊娠だ。

知人の家で飼われていたメスの柴犬は箱入り娘の典型で、オスにはいっさい近づけさせてもらえなかった。にもかかわらず、年に2回の排卵期を終えると、お気に入りのぬいぐるみを抱えこみ、寝床から出てこなくなった。よく見ると、ぬいぐるみを舐《な》めて毛づくろいまでしている。知人はさかんに首をひねっていたが、じつは、不思議でもなければ、病気でもなく、ホルモンの影響なのである。

お宅の箱入り娘がぬいぐるみを抱えて、ベッドの下にもぐりこんだり、ケージから出てこなくなってもオロオロせず、まずは想像妊娠をうたがってみるのが賢明だろう。

# ドッグランのある大学

東京都世田谷区内にある東京農業大学のキャンパスでは、朝は学生が手綱を握るサラブレッドを、夕方には、学生の後をついて歩くミニブタの姿をよく見かける。さらにときどき、ヒツジを散歩させている光景にも出くわす。

サラブレッドは馬術部の、ミニブタとヒツジは学生たちが飼育しているペットだ。初めてこれらの動物たちに出くわした人は、たいがい驚いて目を見張る。さすがに世田谷区のど真んなか、高級住宅地に隣接する大学のキャンパスで、ミニブタやヒツジが暮らしているとはだれも思わないだろう。余談になるが、この大学の網走キャンパスでは、エミューというオーストラリア原産のダチョウの仲間も飼育されている。

しかし、この動物共存型キャンパスに引けをとらない大学が、ＪＲ中央線沿線にあった。山梨県上野原市にある帝京科学大学である。

この大学は環境科学科、生命科学科、理学療法学科など自然科学系と医療系の学科が多い。なかでもユニークなのがアニマルサイエンス学科で、全国から学生が集まっている。

この学科のアニマルサイエンスコースでは、動物看護師やドッグトレーナーを養成する。アニマルセラピーコースでは心理学・行動科学・社会学などを学び、動物介在教育や動物介在療法などの知識や技術を習得していく。

動物介在教育といえば、真っ先に登場するのが犬。そう、この大学ではアニマルサイエンス学科に所属する〝学科犬〟が5頭もいるのである。

この犬たちは動物看護師養成の実習時に傷病犬の代役を務め、問題行動治療基礎実習では犬の行動パターンを披露するなど、実習時には欠かせない存在だ。

せっかくなので、名前と犬種を紹介しておこう。

「レックス」ラブラドール・レトリーバー ♂。「ほのか」シェットランド・シープドッグ ♀。「ハナ」ビーグル ♀。「やちよ」ミックス ♀。「デール」アメリカン・コッカー・スパニエル ♂。

この大学のホームページで紹介されている実習風景に登場しているので、その活躍ぶりがおわかりいただけるかと思う。ちなみに〝学科猫〟も5匹いて、こちらも学科犬と同じように実習時の大切な助っ人だ。

しかし、この程度のことで驚かないでほしい。なんと、この大学にはドッグランが2か所もあるのだ。

さらに、学生が愛犬を連れて通学。授業中は教室で熱心にノートをとるご主人さまの足元で休み、昼休みや放課後はドッグランで思いきりかけまわり、キャンパスライフをエンジョイしているのである。

犬が寂しがるから同伴させているわけではない。

アニマルサイエンス学科は犬の行動、心理、看護学を学ぶ学科だ。ゆえに、少しでも多くの時間を犬とともに過ごし、さまざまな場面から多くを観察し、また経験を積み重ねたい。できれば実習の際にも自分の犬に手伝ってもらいたい。そして犬がスムーズに社会進出できるシステムづくりを研究したい――学生たちのそのような学習意欲が、犬同伴通学ＯＫという先駆的な試みを実現させた。

ただし、愛犬連れで通学するためには、「犬の持ち込み委員会」が定める規則を遵守しなければならない。この委員会はアニマルサイエンス学科の教員と学生によって運営されている。しつけができていること、無駄吠えをしないこと、トイレ以外の場所で排泄しないこと、ほかの犬とケンカしないこと等々が「持ち込み試験」によってテストされ、これに合格した犬と学生に「レッド鑑札」が与えられ、通学が認められるシステムとなっている。

ただ、教室で講義を受けられる犬となるとその審査はさらに厳しく、「レッド鑑札」を経てからでなければ昇格できない。なお、昇格のあかつきには「シルバー鑑札」が与えられ、学生たちはこれを得ようと、必死で愛犬と自分のマナー向上に努めるという。

犬ならびに飼い主の学生には、犬が苦手な学生への配慮を怠ってはならない等々注意事項がいくつもある。学内のイスやテーブルに座らせない、足をかけさせない。図書館、体育館、食堂、エレベーター、人間用トイレなどへの立ち入り禁止などだ。この制度が導入されて２００８年で5年になるが、これまでに40頭を超す犬がレッド鑑札をつけて通学した。

しつけが行き届いているからなのだろう。廊下ですれ違いざま、犬たちは尻尾をふり、にこやかな表情を浮かべて通りすぎる。その様子は育ちのよいお坊ちゃま、お嬢ちゃまといった雰囲気だ。いまの日本社会そのものを反映しているようで、ワイルドさに欠けているといえないでもないが、じっさいのアニマルセラピーの現場では、働く犬たちが荒くれでは困る。

アニマルセラピーということを考えるならば、これが犬たちに求められる最高の姿だ。そして、いまの日本社会は犬との共存が必要とされ、円滑な共存社会を築くために、犬にも人間にも社会化の学習が要求される時代になったのである。

以前、作家・畑正憲氏の長女、津山明日美さんから、こんなエピソードを聞かせてもらったことがある。

「長女がまだ赤ん坊だったころ、育児書どおりに子育てができなくて悩んだことがあった。そんなとき、一緒に暮らしていたオオカミ犬の母親が、子犬がほしがるときだけオッパイをあげているのを見て、あ、私もこれでいいんだ、育児書に惑わされることはないんだと気づいて、それから子育てがとっても楽になったんです」

アニマルサイエンス学科の学生たちも、犬たちから多くを学び巣立っていってほしい。犬には、人間が失った動物的感覚がたくさん残されているのだから。

# わんこと一緒に初詣　愛犬家は神社へ

犬は多産。そのうえお産も軽い。

たまに難産の犬もいるが、1頭目を生み、それから1時間とか2時間かけて2頭目を生み、いったい何頭生まれるのだろうと首を長くして待っていると、翌日になって最後の1頭が生まれる、ということも珍しくない。

そんな犬の安産にあやかりたいと、日本には犬を安産の守り神とする風習がある。

妊婦は妊娠5か月目に入ってから最初の戌《いぬ》の日（12日に1度）に安産祈禱《きとう》を受けた腹帯を巻き、わが子が無事に生まれることを祈ってきた。

そして全国にある約8万社の神社のなかには、東京の日本橋蠣殻《かきがら》町にある水天宮や、愛知県名古屋市にある伊奴《いぬ》神社のように、子授けの宮として参拝者を集めてきた神社がいくつもある。

子どもは次世代をになう家族や社会の宝。すこやかに育ってほしいと願う気持ちは、古今東西変わらぬ思いだ。

ところが最近は、犬も家族の一員。とくに日本人にはその意識が強くあるそうで、飼い犬が寝たきりになり、獣医師から安楽死を打診されても、「家族だから、介護がたいへんでも最後まで面倒を見てあげたい」という人が圧倒的に多いという。

家族だから、当然、いつまでも元気で長生きしてほしい。初詣などで参拝したとき、愛犬のこともついでに祈願するという人がいたとしても不思議ではない。

祈願する人が現れれば、受け皿の神社としてもそれに応えねばならない。いや、本音をいえば、応えたほうが商売になる。

宗教法人だから税金をほとんど納めなくてもよいとはいえ、昨今は少子化の影響で挙式の件数も減るなどして、神社の収入は昔に比べてどんどん減っている。江戸時代にお伊勢参りが盛んに行なわれたのは、いまでいうところの営業マンが全国各地の農村に出向き、ツアーの勧誘を積極的に行なった結果だった。

神社とて、人が集まらなければ商売にならない。商売にならなければ、廃《すた》れるしかない。しかしそれでは困る。というわけで、最近は「愛犬同伴の参拝」をウリにする神社がでてきた。ただし安産祈願ではなく、愛犬の幸せ祈願だ。
たとえば東京都新宿区にある市谷亀岡八幡宮。JR市ケ谷駅から徒歩数分の場所にあるここでは毎年、予約制でペット同伴の初詣を受けつけている。かなり人気があり、新聞などで報道されるほどだ。
境内には「○○ちゃんの病気が治りますように」「××ちゃんが長生きしますように」などといった願いごとが書かれた絵札も吊され、聞けば、遠方からもわが子の幸せを祈願する家族が訪れているという。
初詣の初穂料はペット1匹につき3000円。5000円払うと3匹まで祈願してもらえる。さらに、参拝できない人のためにお札の発送サービスも行なっているそうだ。ただし初詣はファックスやメールでの予約が必要だ。
ホームページにも、ペット用のお守りが紹介されている。
バンダナ1500円
ホルダー1500円
ペット護符500円
足形がとれる専用紙つきアルバム型お守り1500円

祈願文納所

ストラップ型お守り８００円

おすすめはペット護符。表にはいかにもお守りらしく「守護祈願」と書かれているが、裏には鳥居と足形のイラストが。これがとってもお茶目!!　５００円と値段もリーズナブルで、これを愛犬用グッズ入れにしのばせたり、ケージに貼りつけておけば、わが子の健康が保証されているようで、ホッとできるかもしれない。かくいう私も１個買った。

愛犬家のための神社は、甲府市内にもある。朝気《あさけ》熊野神社は、甲斐の国が拓かれた時代に創建された由緒ある神社だ。ここもお札やお守りをネット販売している。メールで「ご祈禱・お札」の受付も行なっている。ご興味がある方は次のアドレスにアクセスを！

http://www.ns-etching.co.jp/asakekumano.htm

## ついに登場!!　犬用自動販売機

ペット用のお守りグッズまで出回るようになり、次は何が出るのだろうと期待していたら、出ましたよ、ペット用の飲料水を販売している自動販売機が。

開発したのは、栃木県宇都宮市に本社がある有限会社ウィンウィンという会社だ。といっても犬がコインを入れてボタンを押すわけではない。「DOG DRINK」の文字が書かれただけの、ごくふつうの自動販売機だ。

だから、なのか、それともPR不足か、栃木県の那須にあるノーフォークテリア犬の専門店でしかお目にかかれない。店の名前は「doggy cottage」という。

じつはこの自販機、そもそもこのショップの注文でつくられた特注のもの。一般に普及している自販機に、オリジナルデザインのシートを貼り付けてある。シールのデザインなど開発に半年もかけたといい、それが奏功したのか、「24時間いつでもワンちゃんのドリンクが買えて便利」と好評らしい。

この自販機を納品した有限会社ウィンウィンの社長の笠井隆行さんは、その肩書きに飲料コンサルタントとある。Jリーグ昇格を目指す地元の「栃木サッカークラブ」を応援する機運を盛り上げたいと、「栃木サッカークラブ応援基金自動販売機」の設置を発案した人物だ。栃木県内には「頑張れ栃木ＳＣ」と書かれたシールが貼られた自販機が１００台以上もある。

「doggy cottage」から自販機の注文を受けたときは、犬を売る自販機の注文かと勘違いしたという。しかし話をよくよく聞いてみれば、ドリンクの自販機。那須は東京あたりから犬連れで遊びに来る人が多く、店のほうとしても24時間対応の自販機を設置することでサービスの向上を目指したようだ。

ちなみにオリジナル自販機のお値段はというと、自販機本体が60万円程度。これにデザイン料、シート代、施工代を合わせると80万円くらいかかるのだとか。

ペット用ドリンクそのものは、すでに何種類も出ている。とはいいつつも、せいぜい数種類だろうと思って試しにネット通販の大手「ケンコーコム」(http://www.kenko.com/)のサイトをのぞいてみたら、驚いた。犬用のビールまであるのだ。

いろいろあって楽しいので、一部を書きだしてみよう。

●ハッピーラガービール　330㎖（3本セット）／1575円　販売元／ブリーズ九州

ビーフエキスやチキンエキス、かつおエキスなどを含んだ犬用の栄養補助ドリンク。オリゴ糖、麦芽、酵母エキス、グルコサミンなどもプラス。

●AQUA P2　500㎖（24本セット）／8316円　販売元／リードオフネット

ペット用のノンミネラル飲料水。不純物を取り除き、通常の2〜3倍の酸素を加えて飲みやすくした。

●バナペット水　2ℓ（6本セット）／5040円　販売元／ナチュラルキューブNA

富士山麓から湧き出るバナジウム天然水からつくった、ペット用のミネラルウォーター。

●わんカロリーゴールド　160g／128円　発売元／アース・バイオケミカル
成長期の犬のための、バランス栄養補助ドリンク。タウリン2000mgのほか、オリゴ糖、13種類のビタミンを配合。ミルク味。

●わんわんカロリー　190g／198円　発売元／アース・バイオケミカル
バランス栄養補助ドリンク。6種類のミネラルと9種類のビタミン、乳果オリゴ糖を配合。スープタイプ。ダイエットのサポートにも最適。

●ペットの牛乳　肥満・高齢用　250mℓ／252円　発売元／トーアコマース
低脂肪、高タンパク質。炭水化物、ミネラル、ビタミンもバランスよく含まれた牛乳。常温保存可能。合成保存料・着色料・香料不使用。

●ペットの水　卑弥呼のわんこの水　1ℓ／399円　製造・販売元／ひみこコーポレーション

ミネラル分を減らしたペット用マイナスイオン水。

●ペット用ACMπウォーター　ピタリゲン　1・5ℓ（6本セット）／3654円　発売元／エイ・シー・エム

πウォーターをベースに開発されたペット用飲料水。排泄物の臭いやペット臭を軽減。

●H4Oペットサイエンスウォーター100㎖（60本セット）／1万5750円　販売元／H4O

ペット専用飲料水。大量の水素をプラス。

いかがですか？　人間並み、いやそれ以上に手間がかかっていそうな機能性ドリンクの数々。ビタミンやミネラルなどのサプリメントをとっていると健康にプラス効果が見られると獣医師からもときどき聞く。しかし、飲み物にまで機能性をもたせた商品がこんなに出まわっているとは……。

びっくりしたついでに、もうふたつほどご紹介しよう。

●ペットマナーPM-01／7875円　製造販売元／ニューアドバンス
有害な活性酸素を無効化するペット用飲料水グッズ。活性水素と磁気水で活性酸素を無効化。排泄物のイヤなニオイが軽減。また、肌ツヤ・毛ツヤをよくする。

●ドッグオーツーウォーター／1万290円　販売元／全研本社
水道水を精製水に変えるペット用浄水器。水道水に含まれる塩素、トリハロメタンを除去。ミネラル、バナジウム、ゲルマニウムなどを含む酸素入りのミネラルウォーターがつくれる。「飼い主様ももちろんお飲みいただけます。愛犬と一緒に飲料水やお料理のお水としてお役立てください」と、ただし書きが掲載されている。

なお、ここにあげた商品はネット通販のケンコーコムで販売されているもので、価格はすべて税込み。時期により販売商品が変更されていたり、価格が異なる可能性もあるので、実際に購入する際には価格をご確認ください。

ワンちゃん専用の
飲料販売機です。
ワンちゃん専用の
飲料販売機です。
DOG DRINK

# 天国まで一緒　ペット可墓地

いまや1兆円産業にまで発展したペットビジネス。ペットフード工業会の調査では、国内で飼育されている犬と猫は推計で約2270万匹。日本人の6人に1人が犬か猫と暮らしていることになる。

しかし悲しいかな、犬や猫の寿命は平均十数年。たいていのばあいは飼い主よりもペットが先に逝く。いずれにしても、生きているかぎり別れは必ず訪れる。

このとき、〝家族〟を亡くした喪失感から立ち直れればよいが、そう簡単に忘れられないのが人の常。場合によってはペットロス症候群に陥ってしまうケースもある。

それを防ぐためにも、ペットはねんごろに弔ったほうがよいといわれているが、日本では法律的にはペットの死骸は廃棄物扱いだ。私有地ならそのまま埋めてもお咎《とが》めを受けないが、公園などに埋めるのは禁じられている。

わが家の猫が、夜中に家の前の道路ではね飛ばされたときは、そうとは知らぬままに翌朝を迎え、今朝は帰りが遅いと呑気《のんき》に過ごしている間に、区の清掃局が近所の住民の通報でサッと駆けつけ、死骸を拾ってペット霊園へ直行。行方を探しあてたときにはすでに火葬された後で、共同墓地に埋葬されていた。

こんなふうに、自治体によっては清掃局が弔ってくれるが、家族に看取られたペットは、家の庭に埋めるなり、ペット霊園で火葬してもらうなりするのが一般的だ。

このほかペット専用の移動火葬車というのもあって、こちらは自宅まで来てくれて、その場で火葬してもらえる。

ペット霊園の数が不足気味というすき間をついたアイデア商法で、マルチーズなどの小型犬で料金は2万〜3万円だ。

火葬炉は軽四輪貨物車やハイルーフタイプのバンに設置され、近所迷惑にならないように、特殊な技術で悪臭がいっさい出ない工夫がほどこされている。住み慣れた家の前で遺骨にして、土に返してあげるというのも供養のひとつかもしれない。

しかし方法はどうあれ、葬儀を出しても飼い主の喪失感はそうたやすく癒されない。

手術を受けさせなければよかったとか、もっと前に体調の変化に気づいてあげればよかったとか、あとからあとから後悔の念がわきだしてくる。

そんな心理を巧みについて、ペットの四十九日の法要もあり、もちろん位牌もある。骨壺を収納できるボックス付きのペット用仏壇や、クリスタルに写真をはめこんだメモリアルスタンド、絵皿の類いまでそろっている。

さらに、ペットの遺骨を粉末にしてペンダントに納めておくペット用カロートペンダントまで出回っている。葬儀にはじまり、ここにあげた供養グッズを一式そろえたら、しめて8万円超⁉

一方、ペット可マンションならぬ、ペット可墓地というのが数年前から出現するようになった。

ペット専用の墓地、すなわちペット霊園は昔からあったが、ペット可墓地は人間の墓地に、お宅のペットも一緒に入れますという、いってみればペット可マンションの延長線上にある墓地のことだ。

仏事関連サービスの大手、株式会社メモリアルアートの大野屋のばあいは「町田いずみ浄苑フォレストパーク」「岩槻光輪浄苑」「神戸山田霊園」「彫刻の丘　奥多摩霊園」と、全国４か所でペットも一緒に埋葬できる墓所「Ｗｉｔｈペット」を販売している。

２００７年に売り出した、東京都奥多摩町にある「彫刻の丘　奥多摩霊園」の墓所は１区画が１・５平方メートルで、墓地使用料、墓石工事費用などを合わせると66万円～。ここにペットも一緒に眠る。

この近辺にあるペット専用のペット霊園Ａ社のばあい、１区画45センチ×40センチで、永代使用料が７万円。墓石代は１万５０００円前後から４万５０００円前後。これらに年間管理料５２５０円が加算される。

墓所の価格は、土地の価格がそのまま反映されるので、地価が高い都会に近いほど価格は上がり、中心地から離れるほど安くなる。前出の「町田いずみ浄苑フォレストパーク」は都心にも近く、横浜のランドマークタワーが遠くに見える絶好のロケーション。周辺の地価を反映し、１区画が１・２平方メートルで永代使用料、墓石工事費用を合わせると約１６０万円。同じ会社が販売していても奥多摩霊園の「Ｗｉｔｈペット」と１００万円近い価格の開きがある。

ちなみに、町田よりやや都心よりにあるペット霊園Ｈ社の墓所の価格は、１メートル×0・8メートルで新規使用料（1年間）だけで57万5000円もして、これに継続使用料（1年間）として8万5000円がかかる。納骨堂もあり、共同の場合は新規使用料（1年間）が2万8000円、継続使用料（1年間）5000円と安めだが、ロッカー式のものになると最低でも新規使用料（1年間）が7万7000円（継続使用料／1年間／1万6000円）もする。

お金をかければかけるほど、ペットを亡くした喪失感は、懐がさみしくなっていく喪失感へと変わっていく。そうなればしめたもの。ペットロスが防げるかもしれない。

やはり、ペットはねんごろに弔うほうがよいようだ。

# あとがき

物心ついたころには犬がそばにいた。「ポポ」という名のチワワの雑種。姉のペットとして、私が生まれる前から我が家にいた。ポポは子ども用の食卓いすに座り、食事のときは家族とともにテーブルについていた。やがて、彼女の専用いすは私が占領することとなった。ポポは私を無視し続け、機嫌の悪いときには平気で牙をむいた。

そのポポが死んだのは小学5年生のときだった。家族を亡くした思いだった。そこに、コリー犬のメリーが登場した。見ず知らずの家で飼われていた犬だ。30年も前の田舎町でのこと。犬連れで散歩をする習慣などなく、たいがいの犬は1日1回、綱を解かれる。そのときメリーはなぜか我が家に立寄り、気がすむまで玄関で寝そべるようになった。ポポを失った喪失感を抱えていた私たち家族にとって、その訪問は、いまでいうところのアニマルセラピーだった。

そんなある日、姉と私がメリーのそばで兄弟ゲンカをはじめた。口減らずの妹に腹を立て、姉が私を突き飛ばそうとしたそのとき、私たちの間にメリーが割って入り、姉に向かい吠えたてた。おとなしい犬が吠えた。それだけで私たちには驚きだった。もう一度、今度はケンカの真似をしてみた。するとメリーは再び、姉に向かって吠えた。メリーは年嵩《としかさ》の姉をたしなめたのだろう。犬は凄い！　そう確信した出来事だった。

後年、縁あってある女性週刊誌で「ムツゴロウ動物王国」の取材記事を10年にわたり執筆する機会に恵まれた。犬の習性については、ここで多くを教えていただいた。そしてその間に、日本では空前の犬ブーム。他方、ゴミを捨てるように飼い犬を平気で保健所に送り出してしまう無責任な飼い主もいる。哀しいことである。

当初、本書には犬の雑学だけを盛りこむ予定でいた。しかしそれだけではどうにも物足りない。そこで、これまでの取材で出会った犬や飼い主さんの心温まる話を紹介させていただくことにした。10頭の犬がいれば、そこには10家族、あるいは10人の物語がある。戦争のために犬を供出しなければならなかった時代も日本は経験している。そのような時代が二度と訪れないよう祈りつつ執筆した。

最後に、拙文に最後までおつきあいくださった読者のみなさま、また、取材協力を惜しまず多忙な時間を割いて対応してくださった方々、本書の出版を支えてくださった出版社、プロダクションのみなさま、本当にありがとうございました！

【参考文献・インターネットサイト】

『太陽』1981年11月臨時増刊号　平凡社
『あなたのイヌがわかる本　飼い主のためのイヌの動物行動学』
ブルース・フォーグル博士著　奥山幸子／新妻昭夫訳　ダイヤモンド社
『犬も平気でうそをつく?』スタンレー・コレン著　木村博江訳　文春文庫
『図説　動物兵士全書』マルタン・モネスティエ著　吉田春美／花輪照子訳　原書房
『世界の犬種図鑑』エーファ・マリア・クレーマー著　古谷沙梨訳　誠文堂新光社
『人と犬のきずな――遺伝子からそのルーツを探る』田名部雄一著　裳華房
『週刊朝日』1988年10月14日号　朝日新聞社
『週刊　女性自身』1989年5月9・16日合併号　光文社
『スペースサイト!』http://spacesite.biz/

本書は書き下ろしです。

# 今日《きょう》もがんばるわんこたち

## 名犬《めいけん》・珍犬《ちんけん》たちの笑《わら》えて泣《な》けるちょっとイイ話《はなし》

佐々木《ささき》ゆり

平成20年10月10日　初版発行

発行者――見城徹
発行所――株式会社幻冬舎
〒151-0051東京都渋谷区千駄ヶ谷4-9-7
電話　03(5411)6222(営業)
　　　03(5411)6211(編集)
振替00120-8-767643
印刷・製本―株式会社　光邦
装丁者――高橋雅之



幻冬舎文庫

ISBN978-4-344-41218-7　C0195　犬-17-1